江苏省“十四五”农村水利规划丛书

江苏省“十四五”农村供水保障规划

JIANGSU SHENG SHISIWU
NONGCUN GONGSHUI BAOZHANG GUIHUA

江苏省水利厅◎编著

河海大学出版社
HOHAI UNIVERSITY PRESS
·南京·

图书在版编目(CIP)数据

江苏省"十四五"农村供水保障规划 / 江苏省水利厅编著. -- 南京 : 河海大学出版社, 2021.6
(江苏省"十四五"农村水利规划丛书)
ISBN 978-7-5630-7080-0

Ⅰ. ①江… Ⅱ. ①江… Ⅲ. ①农村给水－生活用水－供水规划－江苏－2021－2025 Ⅳ. ①TU991.01

中国版本图书馆 CIP 数据核字(2021)第 128075 号

书　　名　江苏省"十四五"农村供水保障规划
书　　号　ISBN 978-7-5630-7080-0
策划编辑　朱婵玲
责任编辑　齐　岩
特约校对　董　涛
装帧设计　徐娟娟
出版发行　河海大学出版社
地　　址　南京市西康路 1 号(邮编:210098)
电　　话　(025)83737852(总编室)　(025)83722833(营销部)
经　　销　江苏省新华发行集团有限公司
排　　版　南京布克文化发展有限公司
印　　刷　南京工大印务有限公司
开　　本　787 毫米×1092 毫米　1/16
印　　张　7.5
字　　数　133 千字
版　　次　2021 年 6 月第 1 版
印　　次　2021 年 6 月第 1 次印刷
定　　价　47.00 元

《江苏省“十四五”农村水利规划丛书》

编辑委员会

序

江苏地处我国东部，滨江临海，河湖众多，水系发达，是全国唯一拥有大江大河大湖大海的省份。全省平原面积占68.8%，丘陵山区占14.3%，河湖水域占16.9%，素有“水乡”之称。由于河湖众多，治理管理任务重、压力大，又因江、淮、沂、沭、泗诸河约200万平方公里客水过境入海，历史上一直是洪、涝、旱、渍、风、暴、潮灾害频发的多灾之邦，水多、水少、水脏、水浑问题一直伴随着江苏水利发展。

新中国成立以来，江苏开展了大规模的农村水利建设，从治理洪水入手，发展到治涝治旱、防渍降渍、节水灌溉、生态修复；从工程水利到资源水利、生态水利、智慧水利，江苏农村水利经历了从传统水利到现代水利的巨大转变。特别是“十三五”以来，江苏认真贯彻“节水优先、空间均衡、系统治理、两手发力”的新时期治水方针，通过实施农田水利基础设施提档升级，推进现代农业提质增效；坚持城乡供水一体化，提升农村居民饮水质量；综合整治农村水环境，启动生态河道建设，打造美丽宜居水美乡村；全面深化改革，激发内生动力，不断提升农村水利可持续发展能力和水平。全省农业抗灾能力、粮食生产能力、农村供水保障能力和水资源利用效率不断提升，为全省高水平全面建成小康社会，为建设美丽江苏、率先实现社会主义现代化走在前列奠定了坚实基础。

“十四五”时期是开启全面建设社会主义现代化国家新征程的第一个五年，也是全面推进乡村振兴战略、加快农业农村现代化的关键五年，对标高质量发展和水利现代化要求，全省各地农村水利发展不平衡不充分的情况依然存在，建设、改革、发展的任务依然繁重而艰巨。为认真贯彻落实习近平总书记对江苏工作的重要指示要求，深入贯彻党中央国务院及省委省政府决策部署，准确把握“强富美高”新江苏建设总体布局，为科学描绘农村水利现代化发展新蓝图，加快推进江苏农村水利高质量发展，更好地服务乡村振兴战略实施，促进农业农村现代化，江苏省水利厅在系统总结“十三五”全省农村水利建设、改革与发展以及深入分析新形势、新要求的基础上，组织编著了《江苏省“十四五”农村水利规划丛书》，形成“521”规划体系，即5个“十四五”发展专项规划、2个灌区建设中长期规划、1个灌区信息化方案，共8个分册：

《江苏省“十四五”大型灌区续建配套与现代化改造规划》

《江苏省“十四五”中型灌区续建配套与节水改造规划》

《江苏省“十四五”农村供水保障规划》

《江苏省“十四五”农村生态河道建设规划》

《江苏省“十四五”水土保持发展规划》

《江苏省大型灌区续建配套与现代化改造规划(2021—2035)》

《江苏省中型灌区续建配套与现代化改造规划(2021—2035)》

《江苏省智慧大中型灌区软件平台系统实施方案(2021—2023)》

上述规划均经江苏省水利厅审议通过，其中供水保障规划是按水利部统一部署编制的，与生态河道规划一道列入省经济社会发展“十四五”规划之136项专项规划体系。

为加快农村水利发展、服务和支撑乡村振兴，推动农村水利工作走向法治化，2020年，经充分调研、广泛协调，制定了全国第一部地方农村水利法规《江苏省农村水利条例》，并于2021年2月1日正式施行，为全省农村水利提供了坚实的法治保障。为落实好条例精神，经江苏省人民政府同意，江苏省水利、发改、财政、农业农村、自然资源、生态环境、住房建设等七个部门联合出台《关于切实加强农村水利建设与管护工作的意见》，其各项目标与建设任务，均由本丛书作支撑。

本丛书结合新形势、新要求、新规定，构建了与现代农业农村相适应，功能齐全、布局合理的工程保障体系，职责明确、服务到位的运行管护体系以及规范有效、务实管用的行业监管体系，不断提升农村水利服务农村经济社会发展和保障民生的能力，可作为“十四五”时期乃至2035年全省农村水利规划设计、工程建设、运行管理、改革发展的重要依据。

在此开启新征程、迈进“十四五”之际，谨以本丛书向中国共产党建党一百周年献礼！

在丛书编写过程中，主要参编单位江苏省水利厅农村水利与水土保持处、江苏省农村水利科技发展中心、江苏省水土保持生态环境监测总站等单位、部门领导及相关专家给予了关心和支持，河海大学出版社朱婵玲老师在丛书布局、质量把关和编撰进度等多方面给予悉心的指导和帮助，在此一并表示诚挚的感谢。

受作者水平所限，书中不妥或错误之处，敬请广大读者谅解并予以指正。

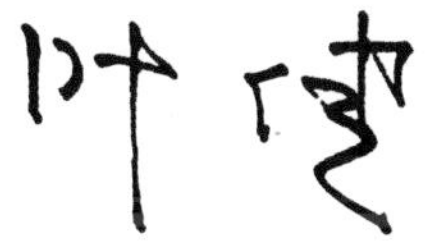

2021年3月20日

前言

保障农村居民饮水安全，是中央打赢脱贫攻坚战、决胜全面建成小康社会做出的重大决策部署。江苏省委、省政府对其高度重视，自2008年全面启动农村饮水安全工程建设以来，始终将其作为重要的农村实事工程，累计投资200多亿元，率先完成国家核定的农村饮水安全工程建设任务，率先启动农村饮水安全巩固提升工程，累计解决了3000多万农村居民的饮水不安全问题。2019年7月，江苏省委十三届六次全会又部署启动农村饮水安全巩固提升行动，作为决胜高水平全面建成小康社会补短板强弱项5大专项行动计划之一，全省农村区域供水入户率为98%以上。2020年6月底，江苏省在全国率先完成了“十三五”农村饮水巩固提升规划建设内容，基本实现了城乡供水一体化。

为全面掌握江苏省农村居民饮水安全状况，研究补齐农村供水短板，进一步提升农村供水保障水平，推进全省城乡区域供水一体化水平向纵深发展，2020年1月，省级下发《关于做好“十四五”农村供水保障规划工作的通知》，部署苏北各地以县为单位开展规划工作。3月底，有规划需求的各县(市、区)完成附表填报，经市级审核把关后上报省水利厅。5月，省级根据汇总数据，对重点地区进行抽查调研，组织对全省资料进行核定和汇总，编写完成省级规划报告。

规划以2019年为基准年，规划水平年为2025年，近期实施水平年为2022年。规划范围为苏北地区的徐州、连云港、淮安、盐城四市16个县(市、区)。规划总结了以往农村饮水安全工作成绩，分析了当前农村供水存在的问题与需求，提出了建设重点，估算了投资，为江苏省“十四五”期间农村供水保障工程的实施提供了规划依据。

目录

0 综合说明

1 供水现状

2 规划分析

3 总体规划

0

综合说明

0.1 基本情况

2016 年至今，江苏省按照城乡统筹区域供水全面解决农村饮水安全问题的工作思路，加快推进农村饮水安全巩固提升与城乡统筹区域供水同步实施，不断扩大区域供水覆盖率。经过多轮持续建设，江苏省城乡供水一体化水平明显提升。2019 年 7 月，为跑赢高水平全面建成小康社会“最后一公里”，进一步提升苏北地区农村供水能力和居民饮水安全保障水平，经省委十三届六次全会讨论通过，苏北地区农村饮水安全巩固提升工程被纳入了全省决胜高水平全面建成小康社会补短板强弱项的若干措施及五个专项行动计划之一，聚焦突出问题，精准攻坚，全力克难。至 2019 年底，全省农村集中供水率已达 99%，全省区域供水入户率已为 98% 以上，农村自来水普及率达 100%。

0.2 现状能力

依据水利部农村供水新标准要求，江苏结合实际，从水质、水量、用水方便程度、供水保证率、水价机制、供水维修服务、专业化管理、水源保护、用水户参与 9 个方面制定了如下江苏省农村供水标准。

(1) 水质：水质符合《生活饮用水卫生标准》(GB 5749—2006)要求。

(2) 水量：水量达到《城市居民生活用水量标准》(GB/T 50331—2002)中江苏的120～180 L/(人 · d)要求。

(3) 用水方便程度：集中供水工程供水入户，规模化工程 24 小时不间断供水。

(4) 供水保证率：供水保证率不低于 95%。

(5) 水价机制：农村集中供水工程全面建立水费收缴机制，执行水价达到供水运行成本，不足部分由财政补助。

(6) 供水维修服务：供水单位按供水合同、协议等约定及时提供供水服务，公开服务电话、水价、维修服务事项等信息；对停水、断水、漏水等问题，因地制宜地明确维修服务时限。

注：1. 本书计算数据或因四舍五入原则，存在微小数值偏差。
2. 本书所使用的市制面积单位“亩”，1 亩≈666.7 m^2。

（7）专业化管理：全面推行供水一体化管护，推行企业化运营和专业化管理，明确工程管理单位和责任人，落实管护经费，做好水源巡查、供水设施和管网维护。全面落实县级农村供水管理“三个责任”和“三项制度”。规模化供水工程供水单位检测能力最低达到《生活饮用水卫生标准》常规 42 项及消毒副产物检测能力。

（8）水源保护：划定饮用水水源保护区，明确水源保护范围，设立水源保护标志并采取保护措施；饮用水水源地及应急备用水源地全部达标。

（9）用水户参与：工程规划设计、建设方式和管理模式，广泛征求用水户或用水户代表意见。农村集中供水工程用水户满意度超过 90%。

目前，江苏大部分地区农村供水达到或超过上述标准，农村供水水平显著提升，数千万农村居民的饮水问题得以有效解决，全省基本实现城乡统筹区域供水全覆盖。

0.3 总体规划

（1）指导思想：坚持以习近平新时代中国特色社会主义思想为指导，全面贯彻党的十九大和十九届二中、三中、四中、五中全会以及习近平视察江苏重要指示精神，实施区域协调发展战略，以城乡供水一体化为目标，按照城乡供水“全域覆盖、融合发展、共建共享、服务均等”的发展思路，贯彻“规模化发展、标准化建设、市场化运作、专业化管理”的具体要求，加快农村供水管网更新改造、环状管网建设、水源地达标建设、供水监测监管能力提升，实现城乡区域供水全覆盖、深度处理全覆盖、供水配套全覆盖、应急备用水源全覆盖、监测监管全覆盖。

（2）基本原则：城乡融合，统一规划；节水优先，源头保护；统筹兼顾，突出重点；创新机制，长效管理；智慧水务，优质服务。

（3）规划范围：规划范围为徐州、连云港、淮安、盐城四市 16 个县（市、区），分别为铜山区、贾汪区、邳州市、睢宁县、新沂市、丰县、沛县、灌云县、清江浦区、洪泽区、淮安区、盱眙县、滨海县、阜宁县、响水县、建湖县。

（4）总体思路：按照江苏省农村供水新标准加强水源保护和水质保障，以问题为导向，加快实施农村供水老旧管网更新改造、环状管网建设、水源地达标建设、水质监测和监管能力建设，着力构建从源头到龙头的城乡供水保障工程体系、规范化管理体系；健全工程长效运行管理机制体制，不断提高农村供水水质、水量、供水保证率和供水集约化水平，全面实现城乡供水高质量发展目标。

(5) 规划目标：到 2022 年，全省农村集中供水率达到 100%，供水保证率达到 95%，区域供水入户率为 99%以上，供水水质、水量和供水服务达到江苏省农村供水新标准，全面落实"三个责任"和"三项制度"，农村管网漏损率控制在 20%左右，水费收缴率为 95%以上；到 2025 年，供水保证率达到 97%，规划范围内全面实现双水源，水源地及应急备用水源地全部达标；农村管网漏损率控制在 18%左右，水费收缴率为 97%以上，基本实现城乡供水一体化管护。

0.4 建设任务

(1) 水源工程建设：水源工程建设共 13 处；备用水源地建设 68 处，其中地表水源工程 2 处，地下水源工程 66 处。

(2) 水厂工程建设：建设水厂 14 处，其中新建水厂 3 处，扩建水厂 6 处，改造水厂 5 处；配套制水设施 78 组。建设 91 座增压泵站，其中区域级增压站 23 座，镇、村级增压站 68 座。

(3) 管网更新改造：共更新改造管网 10 290 km，其中联络管网 535 km，通镇管道 640 km，通村管道新建 285 km、改造 1 075 km，村内管道(含入户管道)新建 1 760 km、改造 5 995 km。

(4) 计量装置建设：进、出水厂计量水表 1 400 块，入户水表 741 869 块。

(5) 水厂能力建设：规模化水厂能力建设包括水质化验室和自动化监控系统两项，规划新建水质化验室 9 处、自动化监控系统 13 处。

0.5 投资估算

"十四五"期间，全省农村供水工程建设总投入约 52 亿元，其中水源工程投资 4.68亿元，水厂工程投资 15.32 亿元，输配水管网建设投资 26.70 亿元，计量装置投资 2.96 亿元，水厂能力建设投资 2.35 亿元。农村供水工程建设所需资金，主要由所在县负责筹集，积极争取国家安排农村供水保障工程补助资金，省级财政统筹安排专项资金实行以奖代补，各设区市也应加大帮扶力度。

1

供水现状

1.1 基本情况

1.1.1 自然地理

江苏省地处长江、淮河流域下游，东临黄海，西连安徽，北与山东接壤，东南与浙江、上海毗邻，位于东经 116°21′～121°56′、北纬 30°45′～35°08′。国土面积 10.72 万 km^2，耕地面积 6 894 万亩。

全省地势西北高、东南低。境内平原面积约占 68.8%，主要由黄淮平原、江淮平原、滨海平原及长江三角洲平原组成，地面高程大部分为 5～10 m，地势最高的微山湖湖西地区，高程在 35 m 左右，地势低洼的里下河及太湖水网地区，高程最低在 0 m 左右；丘陵山地占 14.3%，大多为邻省山脉的延伸部分，集中在北部和西南部，主要有云台山脉、老山山脉、宁镇山脉、茅山山脉、宜溧山脉，高程一般在 200 m 以下；河湖水域占 16.9%，素有“水乡”之称，水面率居全国各省首位。

1.1.2 社会经济

截至 2019 年底，江苏省设 13 个省辖市、96 个县(市、区)，其中农业县(市、区) 75 个，全省有常住人口 8 070 万人，城镇人口 5 698.23 万人，城镇化水平为 70.61%。全省 GDP 实现 9.96 万亿元，人均 GDP 12.3 万元，全年完成一般公共预算收入8 802.4亿元，三次产业增加值比例为 4.3∶44.4∶51.3。

本次规划建设范围主要分布在苏北(徐州、连云港、淮安、盐城)四市，涉及 16 个县(市、区)、210 个乡镇和 4 011 个行政村(图 1-1)，规划建设范围内总人口为1 639万人，其中农村人口为 1 231 万人。本次规划建设范围内各市的人口情况和社会经济情况见表 1-1、表 1-2。

图 1-1 规划建设市行政区划示意图

表 1-1　规划建设范围内各市人口情况表

市 别	县(市、区)	县数	镇数	村数	总人口(万人)	受益人口(万人)
徐州市	铜山区、贾汪区、邳州市、睢宁县、新沂市、丰县、沛县	7	117	2 037	881	644
连云港市	灌云县	1	6	316	104	89
淮安市	清江浦区、洪泽区、淮安区、盱眙县	4	36	675	275	207
盐城市	滨海县、阜宁县、响水县、建湖县	4	51	983	379	291
合　　计		16	210	4 011	1 639	1 231

表 1-2　规划建设范围内各市社会经济情况表

市　别	生产总值(亿元)				人均地区生产总值(元)	农村居民人均纯收入(元)
	总计	第一产业	第二产业	第三产业		
徐州市	6 755.23	631.39	2 812.02	3 311.82	76 915	18 207
连云港市	2 771.70	325.57	1 207.39	1 238.74	61 332	15 493
淮安市	3 601.25	358.70	1 508.11	1 734.44	73 204	17 206
盐城市	5 486.72	573.04	2 436.45	2 477.23	75 987	18 965

根据前期开展的农村供水现状评估成果以及本次规划需求调查，苏南、苏中地区已基本实现城乡供水一体化，通过以经营城市供水补贴农村供水的方式，地方政府及供水企业基本能够负担农村供水设施的扩建、更新改造，因此苏南五市和苏中三市未被列入本次规划建设范围内。

专栏一　关于宿迁市及规划建设市其他县
未列入本次规划建设范围的说明

宿迁市的农村供水工程在前几轮建设中投入力度较大，目前设施比较完备且年代较新，暂无“十四五”规划建设需求；按照水利部编制规定，“对已达标的区域或未建立完善体制机制、水费收缴率偏低、管理管护主体不落实、供水服务不到位的工程，不纳入规划范围”，故规划建设市其他县未列入本次规划建设范围。

1.1.3 水资源开发利用

1）河流水系

江苏滨江临海，河湖众多，水网密布，大部分地区水系发达，其中长江以南的太湖平原和长江以北的里下河平原尤其为大面积的水网密集地带。全省以仪六丘陵经江都、通扬运河至如泰运河一线为分水岭，分为长江、淮河两大流域和长江、太湖、淮河、沂沭泗四大水系。

沂沭泗水系，江苏省内面积为 2.59 万 km^2，可分为沂河（新沂河）、沭河（新沭河）、中运河等干河水系，以及南四湖湖西、骆马湖以上中运河两岸、沂北（含沭北）、沂南、废黄河等区域性水系。上游来水由沂河、沭河、邳苍分洪道、中运河等主要河道及南四湖、骆马湖、石梁河水库调蓄后，由新沂河、新沭河排泄入海。

淮河水系从仪六丘陵经江都、328 国道至如泰运河一线与长江流域分界，北以废黄河与沂沭泗水系分界，境内面积为 3.82 万 km^2，可分为洪泽湖周边及以上、白马湖、高宝湖、渠北、里下河等区域性水系。淮河上中游来水入洪泽湖，经调蓄主流由淮河入江水道借江归海，其他经淮河入海水道、苏北灌溉总渠、废黄河或相机经淮河借道新沂河等排泄入海。里下河区域由射阳河、黄沙港、新洋港、斗龙港、川东港等主要河道独立入海。

长江水系境内面积为 1.91 万 km^2，可分为石臼湖固城湖、秦淮河、滁河和江北等区域性水系。长江南岸茅山山脉以东、宜溧山脉以北为相对独立的太湖水系。石臼湖固城湖水系，境内有石臼湖、固城湖，由天生桥河连接秦淮河水系，由胥河连接太湖水系；秦淮河水系，上游有句容河、溧水河两源，秦淮河干流至东山又分为秦淮新河和外秦淮河两支分别入江；滁河是长江下游北岸的一条支流，境内有驷马山河、马汊河等分流入江。

太湖水系境内面积为 1.94 万 km^2，以太湖为中心，湖西南河水系、洮滆水系等主要向东注入太湖；武澄锡虞、阳澄淀泖、浦南等区域性水系主要经内部河网和望虞河北排入江，经太浦河东排黄浦江入海；江南运河穿越腹地。

2）地下水源分布

江苏省松散岩类孔隙水主要分布于长江三角洲平原、淮河下游苏中平原、淮北平原和南四湖平原地区。长江三角洲平原第四系松散沉积物发育齐全，一般变化于 80～359 m，其间发育有孔隙潜水及第Ⅰ、第Ⅱ、第Ⅲ承压含水层组。淮河下游苏中平原松散堆积物厚度可达 400 m，分布发育孔隙潜水及第Ⅰ、第Ⅱ、第Ⅲ、第Ⅳ承压 5 个含水层组，含水层厚度变化大，岩性颗粒较细，其富水性次于长江三角洲平原。淮北平原松散层厚度变化大，山前平原不足 100 m，向东南逐渐增至 300 m 左右，其间分布发育孔隙潜水及第Ⅰ、第Ⅱ、第Ⅲ承压含水层组。南四湖平原松散层沉积厚度一般为 100～350 m，西厚东薄，其间分布发育孔隙潜水及第Ⅰ、第Ⅱ、第Ⅲ承压 4 个含水层组。

江苏省基岩地下水主要分布于省域北、西、南三片低山丘陵区。其中北部徐州、铜山分布有寒武、奥陶系灰岩，蕴藏丰富的岩溶地下水资源，共分布发育茅山等 7 个岩溶地下水水源地。此外，南京东郊仙鹤门、镇江谏壁等富水带、江浦老山地区、宜兴的张渚-湖滏盆地及苏锡常平原局部地区（武进横林、无锡查桥、江阴周庄等）第四系松散层之下，埋藏分布震旦—三叠系灰岩块段，岩溶较为发育，也蕴藏较丰富的岩溶裂隙地下水源。岩溶地下水水质一般较好，矿化度为 0.5～1.0 g/L。而在苏北盱眙等低山丘岭地带的玄武岩分布区，玄武岩中孔洞裂隙较发育，富水性较好且水质优越。其他低山丘陵区（新沂—东海—赣榆、连云港云台山、宁镇山脉及宜溧大部分地区、太湖沿岸等）赋存的地下水类型主要为基岩裂隙水，富水性极差，仅在有利构造部位蕴藏较丰富的地下水，由于成井条件复杂，一般视为贫水区。规划建设县水源地情况见表 1-3。

表 1-3　规划建设县水源地情况表

县　名	水厂名称	水源地名称	备用水源
铜山区	徐州市铜山区自来水有限公司	徐州市小沿河水源地、徐州市骆马湖窑湾水源地	徐州市小沿河水源地、徐州市骆马湖窑湾水源地
贾汪区	徐州市泉城水务有限公司	徐州市骆马湖窑湾水源地	徐州市骆马湖窑湾水源地
邳州市	邳州市张楼地表水厂	邳州市中运河张楼水源地	互为备用
	邳州市第二地面水厂	徐州市骆马湖窑湾水源地	
睢宁县	睢宁县地面水厂	睢宁县庆安水库水源地	徐州市骆马湖窑湾水源地
新沂市	新沂市窑湾地表水厂	徐州市骆马湖窑湾水源地	无备用水源地
	新沂市水务有限责任公司（唐店水厂）	新沂市骆马湖新店水源地	新沂市骆马湖新店水源地
丰县	丰县付庄水厂	徐州市小沿河水源地	徐州市小沿河水源地
		丰县大沙河草庙水源地	丰县大沙河草庙水源地
沛县	沛县第一地表水厂	沛县南四湖徐庄水源地	互为备用
	沛县第二地表水厂	徐州市小沿河水源地	

续表

县　名	水厂名称	水源地名称	备用水源
灌云县	凯发水厂	叮当河	伊云湖
清江浦区	城南水厂	二河	白马湖
洪泽区	井源水务(洪泽)有限公司	洪泽区洪泽湖周桥干渠水源地	洪泽区洪泽湖周桥干渠水源地
淮安区	白马湖水厂	淮安市淮安区里运河三堡水源地	淮安市白马湖南闸水源地
	经济开发区水厂	古黄河	无备用水源地
盱眙县	化农水厂	化农水库水源地	无备用水源地
	桂五水厂	桂五水库水源地	无备用水源地
	粤海水务	淮河河桥水源地	龙王山水库水源地
	桥口水厂	洪泽湖桥口引河水源地	无备用水源地
	长港水厂	长港水库水源地	无备用水源地
滨海县	蔡桥水厂	苏北灌溉总渠蔡桥水源地	无,与县城水厂清水管道互通
	八滩水厂	淤黄河水源地	无,与县城水厂清水管道互通
	县城水厂	滨海县废黄河东坎水源地	滨海县通榆河东坎应急水源地
阜宁县	阜宁水厂	苏北灌溉总渠陈集水源地	无备用水源地
	城东水厂	苏北灌溉总渠板湖水源地	阜宁县通榆河北陈水源地
	凯发水厂	潮河公兴水源地	无备用水源地
响水县	响水县自来水厂	通榆河响水水源地	清水互通,互为备用
	沿海自来水厂	响水县、滨海县中山河(滨淮)水源地	
	运河自来水厂	废黄河东坎(运河)水源地	
建湖县	上冈水厂	大运河、西塘河	出现紧急情况时,大运河供水,供水规模自行申请
	城南水厂	大运河、西塘河	戛粮河

由表 1-3 可知，现状饮用水水源，徐州、淮安地区以南水北调运河及其调蓄水库为主，连云港、盐城地区以区域河道、渠道水为主；备用水源，徐州地区以深层地下水、中运河水、骆马湖原水为主，淮安地区以大运河及其调蓄水库为主，盐城地区以各类区域河流为主。

3）水资源总量与开发利用

根据《2019 年江苏省水资源公报》，江苏省年降水总量为 798.5 mm，比 2018 年偏少 26.6%，属枯水年份。全省水资源总量为 231.7 亿 m^3，其中地表水资源量为 163 亿 m^3，地下水资源量为 77.7 亿 m^3。全省分流域供、用水量见表 1-4。

表 1-4　江苏省分流域供、用水量表　　单位：亿 m^3

流　域	供水量				用水量			
	地表水	地下水	非常规水	合 计	生活	工农业生产	城镇环境	合 计
淮河流域	247.4	5.6	2.6	255.6	17.1	236.9	1.6	255.6
长江流域	112.7	0.5	1.0	114.2	9.9	103.0	1.3	114.2
太湖流域	116.5	0.2	6.9	123.6	13.6	109.1	0.9	123.6
全　省	476.6	6.3	10.5	493.4	40.6	449.0	3.8	493.4

2019 年全省总供水量为 493.4 亿 m^3，其中地表水源供水量为 476.6 亿 m^3，占 96.6%；地下水源供水量为 6.3 亿 m^3，占 1.3%。全省总用水量为 493.4 亿 m^3，其中第一产业用水 303.1 亿 m^3，占总用水量的 61.4%；第二产业用水 125.4 亿 m^3，占总用水量的 25.4%；第三产业用水 20.5 亿 m^3，占总用水量的 4.2%；居民生活用水 40.6 亿 m^3，占总用水量的 8.2%；城镇环境用水 3.8 亿 m^3，占总用水量的0.8%。全省万元地区生产总值用水量 49.5 m^3，万元工业增加值用水量 32.4 m^3。

近年来，全省用水总量总体稳定，由于 2019 年遇特大干旱年份，全省用水总量比上年增加 33.2 亿 m^3，但仍在年度控制目标之内；万元地区生产总值用水量和万元工业增加值用水量呈逐年下降趋势，年均下降率分别达到 7.2%和 7.9%，农田灌溉水有效利用系数逐年上升，国家考核重点水功能区水质达标率逐年提高，均超额完成年度控制目标。

规划建设范围内各市水资源开发利用情况见表 1-5。

表 1-5 规划建设范围内各市水资源开发利用情况表 单位：亿 m^3

市别	现状供水量				现状用水量					
	地表水	地下水	其他	合计	工业	农业	生活		生态环境	合计
							城镇	农村		
徐州市	36.28	5.14	0.04	41.46	3.40	32.29	2.91	1.10	0.17	39.87
盐城市	52.30	0.60	0.00	52.90	4.81	43.68	2.33	0.92	0.33	52.07
淮安市	33.17	0.52	0.41	34.10	3.14	26.87	1.56	0.64	0.19	32.40
连云港市	34.40	0.21	0.00	34.61	2.32	29.32	1.34	0.59	0.19	33.76
合　计	156.15	6.47	0.45	163.07	13.67	132.16	8.14	3.25	0.88	158.10

从表 1-5 可以看出，规划建设县(市、区)所在市现状供水量与现状用水量已基本达到供需平衡状态，随着工业的发展以及城乡生活用水的增加，调水和节水已迫在眉睫。

1.2 规划实施

按照水利部统一部署，江苏省编制并实施了《江苏省“十三五”农村饮水安全巩固提升工程规划》，按照城乡统筹区域供水全面解决农村饮水安全问题的工作思路，加快推进农村饮水安全巩固提升与城乡统筹区域供水同步实施，扩大区域供水覆盖率，目前已完成规划总投资 61.5 亿元。经过多轮持续建设，江苏省城乡供水一体化水平明显提升，苏南、苏中地区已经实现城乡供水一体化，苏北地区城乡供水一体化水平为 90%以上，全省农村集中供水率已达 99%，农村自来水普及率达 100%。

1.3 现状评估

1.3.1 江苏省农村供水标准

根据水利部原有的农村供水标准，江苏农村饮水安全问题已全面解决。2019 年 6 月，国务院常务会议明确要求研究提升农村饮水安全水平的新标准，启动编制

“十四五”农村供水规划。2020 年 2 月，水利部出台了农村供水新标准。根据新标准要求，江苏结合实际，制定了如下江苏省农村供水标准。

专栏二　江苏农村饮水安全建设历程

江苏农村饮水安全建设历经三个主要阶段：2004—2012 年，实施农村饮水安全工程，解决农村居民“吃水难”的问题；2013—2016 年，实施农村饮水安全巩固工程，解决农村居民“吃水差”的问题；2016 年至今，实施“十三五”农村饮水安全巩固提升工程，解决农村居民“吃好水”的问题。江苏各级财政及社会资金已累计投入 200 多亿元，解决了 3 200 多万农村居民的饮水不安全问题。

(1) 水质：水质符合《生活饮用水卫生标准》(GB 5749—2006)要求。

(2) 水量：水量达到《城市居民生活用水量标准》(GB/T 50331—2002)中江苏的 120～180 L/(人・d)要求。

(3) 用水方便程度：集中供水工程供水入户，规模化工程 24 小时不间断供水。

(4) 供水保证率：供水保证率不低于 95%。

(5) 水价机制：农村集中供水工程全面建立水费收缴机制，执行水价达到供水运行成本，不足部分由财政补助。

(6) 供水维修服务：供水单位按供水合同、协议等约定及时提供供水服务，公开服务电话、水价、维修服务事项等信息；对停水、断水、漏水等问题，因地制宜地明确维修服务时限。

(7) 专业化管理：全面推行供水一体化管护，推行企业化运营和专业化管理，明确工程管理单位和责任人，落实管护经费，做好水源巡查、供水设施和管网维护。全面落实县级农村供水管理“三个责任”和“三项制度”。规模化供水工程供水单位检测能力最低达到《生活饮用水卫生标准》常规 42 项及消毒副产物检测能力。

(8) 水源保护：划定饮用水水源保护区，明确水源保护范围，设立水源保护标志并采取保护措施；饮用水水源地及应急备用水源地全部达标。

(9) 用水户参与：工程规划设计、建设方式和管理模式，广泛征求用水户或用水户代表意见。农村集中供水工程用水户满意度超过 90%。

水利部和江苏省农村供水标准对照见表 1-6。

表 1-6 水利部和江苏省农村供水标准对照表

评价指标	水利部农村供水标准	江苏省农村供水标准
水 质	符合《生活饮用水卫生标准》(GB 5749—2006)要求	
水 量	北方地区不低于 40 L/(人·d), 南方地区不低于 60 L/(人·d)	120～180 L/(人·d)
用水方便程度	供水入户,24 小时不间断供水	
供水保证率	不低于 95%;万人以下不低于 90%	不低于 95%
水价机制	执行水价能够满足工程良性运行	执行水价达到运行成本, 不足部分由财政补助
供水维修服务	提供供水服务,明确维修服务时限	
专业化管理	万人工程推行企业化运营和专业化管理,千人工程明确管理单位和责任人,落实管护经费,做好水源保护、设施和管网维护	全面推行一体化管护,落实“三个责任”和“三项制度”;供水单位检测能力最低达到《生活饮用水卫生标准》常规 42 项及消毒副产物检测能力
水源保护	万人工程水源保护区划定率超过 90%,千人工程超过 75%	划定饮用水水源保护区,饮用水水源地及应急备用水源地全部达标
用水户参与	用水户满意度超过 90%	

1.3.2 农村供水现状

截至 2019 年底,江苏省 75 个涉农县(市、区)共有涉农水厂 144 处,总供水能力为 2 640 万 m^3/d,覆盖乡镇(街道)1 095 个,覆盖行政村 15 788 个,农村供水受益总人口达 4 461 万人。全省农村集中供水率已达 99%,全省区域供水入户率为 98%以上,农村自来水普及率达 100%。

对照江苏省农村供水标准,全省大部分地区农村供水基本达到或超过标准,农村供水水平显著提升,数千万农村居民的饮水问题得以有效解决,全省基本实现城乡统筹区域供水全覆盖,进入了农村供水与城市供水“同源、同网、同质、同服务”时代。

1) 水质状况

自区域供水加快推进以来,原有的水源结构发生根本性改变,尤其是淮北地区,关停以地下水为水源的农村小厂,以地表水为水源的规模水厂将优质自来水送入农户,以往的高氟水、苦咸水等水质问题全面解决。通过常规净化和深度处理,农村供水水质已基本达到了《生活饮用水卫生标准》(GB 5749—2006)以及有关评价标准的规定。江苏农村供水单位参照《城市供水企业资质管理规定》(建设部令第 26 号),自来水生产严格按规范化、标准化管理,水质检测严格按照相关规范要求对原水、出厂水和末梢水进行采样点选择、项目检验、频率以及合格率计算。目前规划建设县(市、区)共有涉农水厂 31 处,其中具备预处理工艺的水厂 23 处,占比 74%;具备深度处理工艺的水厂 23 处,占比 74%;具备强化常规处理工艺的水厂有 8 处,占比 26%。规划建设县(市、区)涉农水厂制水工艺配备情况见表 1-7。

表 1-7　规划建设县(市、区)涉农水厂制水工艺配备情况表　　单位:处

县　名	水厂数量	预处理工艺水厂数量	深度处理工艺水厂数量	强化常规处理工艺水厂数量
合　计	31	23	23	8
铜山区	1	1	1	1
贾汪区	1	1	1	1
邳州市	2	2	2	/
睢宁县	1	1	1	/
新沂市	2	2	2	/
丰　县	1	1	1	1
沛　县	2	2	2	2
灌云县	1	1	1	1
清江浦区	1	1	1	1
洪泽区	1	1	1	/
淮安区	2	1	1	1
盱眙县	5	/	/	/
滨海县	3	3	3	/
阜宁县	3	1	1	/
响水县	3	3	3	/
建湖县	2	2	2	/

2) 水量状况

规划建设县(市、区)涉农水厂总设计供水能力为 316 万 m^3/d,日可供水量为 190 L/人,已超过《城市居民生活用水量标准》(GB/T 50331—2002)对江苏城市居民生活用水量规定的标准值 120～180 L/(人·d)。规划建设县(市、区)设计供水

规模、供水总人口及人均可供水量见表1-8。

表 1-8 规划建设县(市、区)城乡居民供水量情况表

县 名	设计供水规模(万 m^3/d)	供水总人口(万人)	日可供水量 L/人
合 计	316.0	1 639.4	190
铜山区	30.0	140.0	210
贾汪区	5.0	38.9	130
邳州市	30.0	196.0	150
睢宁县	15.0	144.0	100
新沂市	25.0	113.0	220
丰 县	20.0	120.0	170
沛 县	30.0	130.0	230
灌云县	20.0	103.7	190
清江浦区	20.0	56.5	350
洪泽区	10.8	41.7	260
淮安区	13.0	97.6	130
盱眙县	22.8	79.3	290
滨海县	19.5	124.0	160
阜宁县	20.0	112.0	180
响水县	20.0	62.8	320
建湖县	15.0	80.0	190

3）供水保证率

全省现有的饮用水水源地以地表集中式饮用水水源地为主，徐州市、淮安市还有地下集中式饮用水水源地。目前除无锡市、徐州市、南通市，其他 10 个省辖市还有部分仅为乡镇及以下水厂供水的饮用水水源地。

规划建设县(市、区)农村供水规模工程涉及集中水源地 32 处。其中，地表集中式饮用水水源地 21 处，供水能力为 278 万 m^3/d；地下集中式饮用水水源地 3 处，供水能力为 7 万 m^3/d；乡镇集中式饮用水水源地 8 处，供水能力为 25.5 万 m^3/d。不同水源类别水厂数量和供水规模见表 1-9。

表 1-9　规划建设县(市、区)规模工程水源情况表

县　名	地表集中式饮用水水源地		地下集中式饮用水水源地		乡镇集中式饮用水水源地	
	数量(处)	供水能力(万 m³/d)	数量(处)	供水能力(万 m³/d)	数量(处)	供水能力(万 m³/d)
合　计	21	278	3	7.0	8	25.5
铜山区	1	40	1	3.0	0	0
贾汪区	1	40	1	0.5	0	0
邳州市	1	20	1	3.5	0	0
睢宁县	1	5	0	0	0	0
新沂市	1	10	0	0	0	0
丰　县	1	20	0	0	0	0
沛　县	1	30	0	0	0	0
灌云县	1	6	0	0	0	0
清江浦区	2	25	0	0	0	0
洪泽区	1	5	0	0	0	0
淮安区	1	20	0	0	0	0
盱眙县	2	10	0	0	3	3.0
滨海县	1	12	0	0	2	7.5
阜宁县	2	15	0	0	1	5.0
响水县	2	10	0	0	1	5.0
建湖县	2	10	0	0	1	5.0

4）水价情况

据调查统计，苏南、苏中地区已基本实现城乡统一水价，苏北部分地区由于水厂管理体制原因，实行城市和农村同网不同价。

规划建设县(市、区)平均运行水价和执行水价为 1.5～3.0 元/m³不等，全部实现按表收费，用户可在乡镇水费营业点缴费，也可由各银行办理水费代扣，或者通过支付宝、微信进行缴费。2019 年平均水费收缴率为 89%，水费收缴率达标县有 7 个，分别为新沂市、灌云县、洪泽区、淮安区、滨海县、阜宁县、建湖县，其水费收缴率大于 95%，具体情况见表 1-10。对于个别供水相对分散、人均用水量低的地区，为保证水厂基本运行费用，营业单位采取按户（人）逐年缴费的方式收取水费。

表 1-10 规划建设县（市、区）规模工程供水水价情况表

县 名	平均运行水价（元/m^3）	平均执行水价（元/m^3）	按表收费率（%）	水费收缴率（%）	水费收缴率是否达标
铜山区	2.85	2.85	100	80	否
贾汪区	2.18	2.35	100	93	否
邳州市	2.65	2.71	100	76	否
睢宁县	1.61	2.05	100	90	否
新沂市	1.50	1.85	100	95	是
丰 县	2.45	2.35	100	80	否
沛 县	2.00	2.35	100	75	否
灌云县	2.98	2.50	100	95	是
清江浦区	1.80	2.80	100	80	否
洪泽区	1.91	2.48	100	100	是
淮安区	1.76	2.61	100	95	是
盱眙县	1.17	2.54	100	70	否
滨海县	2.37	2.90	100	95	是
阜宁县	1.92	2.90	100	99	是
响水县	1.79	2.73	100	94	否
建湖县	2.98	2.98	100	100	是

5）供水维修服务

据调查统计，全省农村供水管网漏损率平均约为 22%，其中苏北地区管道平均漏损率约为 26%，苏中地区管道平均漏损率约为 18%，苏南地区管道平均漏损率约为 19%。

目前贾汪区、洪泽区、盱眙县、响水县和建湖县农村供水管网漏损率仍较高，超过 20%（2022 年漏损率目标值），最高达到 33%。规划建设县（市、区）规模工程供水管网漏损率情况如图 1-2 所示。

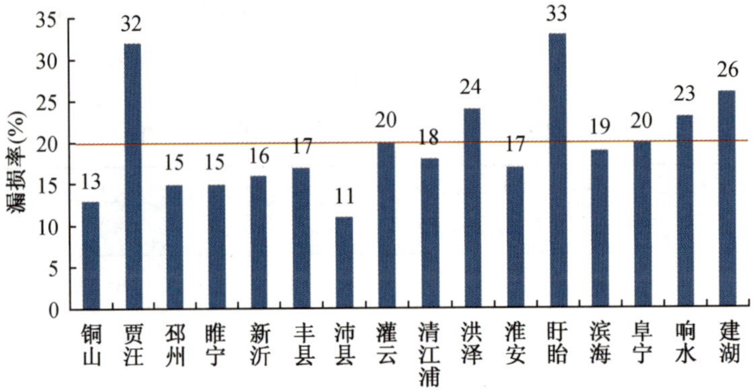

图 1-2　规划建设县(市、区)供水管网漏损率

6）专业化管理

经营情况。全省供水行业推进企业化经营，法人结构呈现多元化，国有控股大型水务集团迅速发展，跨地区投资和资产重组稳步推进，形成了经营主体多元化的发展格局，有效解决了政府建设资金不足的困难。同时引入市场竞争机制，推进供水服务迈上新台阶。

责任、制度落实。从此次调查来看，江苏各地农村饮水工程对"三个责任"和"三项制度"普遍进行了落实。各县(市、区)人民政府认真落实农村饮水安全管理的主体责任，水利部门都发挥了行业监管责任，成立的管理机构切实履行运行管理责任。健全完善农村饮水安全工程运行管理"三项制度"，确保农村饮水工程有机构和人员管理、有政策支持、有经费保障。

检测能力建设。江苏在全国率先制定了《江苏省城市供水企业水质检测实验室等级能力建设指导手册》，根据不同供水规模建设了相应等级的实验室。江苏市级设计日供水能力 40 万吨以上水厂达到一级实验室的检测能力，县级设计日供水能力 10 万～40 万吨水厂达到二级实验室的检测能力，县级设计日供水能力 4 万～10 万吨的水厂，一个县至少有一个水厂的中心实验室检测能力达到三级等级，承担全县的水质检测工作。经过多年的建设，各县(市、区)水厂中心实验室对原水、出厂水、末梢水自检的项目和频次能够达到《生活饮用水卫生标准》(GB 5749—2006)要求，能够承担 42 项常规及多项非常规指标检查，每年两次委托国家饮用水产品质量监督检验中心对 106 项指标进行检测，县级卫生部门每年两次定期对水厂水质情况进行检测。

信息化建设。各地供水企业积极探索供水信息化建设，基本实现原水、出厂水、管网水水质和管网水量及水压数据在线监测和实时传输，基本实现主管部门监控、水厂监控和控制单元实时监控。全省智慧水务建设初步成效明显，部分地区建立了人工智能关键核心技术的智能供水调度综合信息系统，实现了供水行业动态监管、科学调度、快速应对和智能应用。

7）水源保护

江苏地表水水源主要取自长江、苏北大运河以及水质较好的湖泊、水库、区域性河道，水源水质达到Ⅲ类以上。为保障水源安全，各地严格按照《江苏省人民代表大会常务委员会关于加强饮用水源地保护的决定》（2012 年修订）要求，积极推进集中式饮用水水源地达标建设。

专栏三　《江苏省人民代表大会常务委员会关于加强饮用水源地保护的决定》（2012 年修订）

《决定》由江苏省第十一届人民代表大会常务委员会第二十六次会议通过，自 2012 年 2 月 1 日起施行。《决定》明确了饮用水源地保护的政府责任和部门职责，提出了饮用水源保护区的范围划定，完善了饮用水源地的安全保护措施和重大事项会商机制，并制定了危害饮用水源安全行为的处罚条款。

规划建设县（市、区）水源地还有盱眙、阜宁、响水、建湖 4 个县尚未完成达标整治，详见表 1-11。

表 1-11　规划建设县（市、区）地表集中式饮用水水源地达标建设情况表

县　名	水源地名称	设计取水规模（万 m^3/d）	是否达标建设
铜山区	南四湖小沿河水源地	25	是
贾汪区	骆马湖窑湾水源地	40	是
邳州市	中运河、骆马湖	40	是
睢宁县	庆安水库	15	是
新沂市	骆马湖	25	是
丰　县	小沿河	20	是
沛　县	南四湖沛县徐庄饮用水水源地	30	是
灌云县	善后河	10	是
清江浦区	二河	20	是

续表

县　名	水源地名称	设计取水规模(万 m^3/d)	是否达标建设
洪泽区	洪泽湖、淮沭河	11	是
淮安区	里运河三堡水源地	5	是
盱眙县	洪泽湖、淮河、入江水道	37	否
滨海县	苏北灌溉总渠、废黄河	12	是
阜宁县	苏北灌溉总渠、潮河	35	否
响水县	通榆河、废黄河、海堤河	10	否
建湖县	京杭大运河、通榆河	15	否

8）用水户参与

在制定水价时考虑到用户承受能力，逐步建立了用户参与的定价管理机制，农民用户参与听证会，充分表达意见，并以此作为农村供水工程水价制定的参考依据。工程管理单位接受用水户和社会的监督，定期公示水价、水量和水费收支等情况。农村集中供水工程用水户满意度超过 90%。

1.3.3　存在问题

虽然“十三五”农村饮水安全巩固提升工程实施后，江苏省城乡供水一体化水平显著提升，数千万人民群众的饮水问题得以有效解决，农村居民生产生活条件得到极大改善，但仍存在一些不足之处。

1）供水设施建设和运行管理有待进一步完善

（1）农村供水管网漏损率高。目前全省农村供水管网平均漏损率在 22%左右，远高于城市供水管网平均漏损率。苏北地区建设基础比较薄弱，再加上近年来乡村撤并、集中居住等导致了供水设施须重新建设的问题。苏南、苏中地区实施区域供水较早，由于早期工程建设标准较低，管网老化、管径小、漏损率高等问题日益呈现。

（2）二次供水设施改造仍不到位。很多城乡接合部老旧居民小区的开发商已撤销，很难找到责任主体，而受益居民出资或动用维修基金协调难度大，导致管网维护不到位，跑、冒、滴、漏严重，水压不能满足要求，二次改造困难重重，供水矛盾突出。

（3）部分供水水厂运行管理能力不足。受各地社会经济发展水平的影响，苏南、苏中地区的供水企业运行管理水平明显高于苏北地区，苏北有些地区的水厂还未建立科学合理的生产运行管理体制和制度，能耗损失和生产成本上升，收取的水费不能满足成本需求，供水安全存在隐患。

2）安全保障水平有待进一步提升

（1）水源地水质保障有风险。江苏地处长江、淮河下游，水环境容易受到上游水污染，加上本地城镇化、工业化水平提高以及居民生活、农业面源和畜禽养殖等产生的污染，污染排放量总体来说呈上升趋势，导致原水水质难以长期稳定达标，短期出现高氨氮、高色度、高耗氧量等情况，季节性超标问题较为突出，给供水安全保障工作带来较大压力。还有部分水厂水源单一，一旦发生重大水污染事故，单一的地表水源将难以满足居民生产生活需要。

（2）部分地区供水水质不稳定。部分水厂仍未设置深度处理工艺，面对原水有机污染和富营养化程度的不断加剧，超过常规处理工艺的处理能力，不能保障出厂水全面稳定达到《生活饮用水卫生标准》(GB 5749—2006)要求。

（3）部分水厂水量、水压有欠缺。一方面，部分农村居民用水高峰集中、水源地水量变化、工程设计标准偏低等使供水能力相对不足。另一方面，水厂“小马拉大车”现象严重。一些地区由于居民用水需求较高，原有水厂设计供水量已经不能满足需求，为保障供水只能采取超负荷运行的方式，尤其节假日高峰期，这一现象更加普遍。以水库作为水源的水厂受天气影响较大，水位下降严重，在旱季供水能力降低，有些甚至不能保证正常供水。

（4）应急保障能力不足。虽然全省已基本实现应急备用水源全覆盖，但是还存在部分应急水源水量不足、水质不能稳定达标、应急启用耗时较长等问题，难以达到快速响应和应急供水的要求。部分地区应急预案的科学性、合理性、规范性有待完善，应急技术储备工作需要进一步提升。这些问题的存在，不同程度地削弱了农村供水安全保障水平。

3）行业规范管理有待进一步加强

（1）管理体制不顺现象仍然存在。在农村饮水安全工程大规模建设时期，全省各地设立了以水利部门为主，以住建、卫生、发改、财政、审计等部门为辅的专门负责建设管理的机构，这种形式在建设时期比较可行，利于凝聚合力，加快推进工程实施，但对于工程的运行管理就会形成“多头管理”状况。尤其是县级实现城乡供水一体化后，少数地区未明确清晰的农村供水主管部门，从取水、制水、供水到用水，相关部门间职能交叉，职责不明，难以形成管理合力。

（2）行业监管能力尚显不足。部分地区农村供水主管部门对行业的监管有待加强，特别是在特许经营企业监管、水厂运行情况监督、供水水质的常态监测、突发事件的应急处置等方面还有待进一步完善和提升。目前仍有少部分地区农村供水专管机构缺失，管理体制和运营机制尚未健全，有些县设立了乡镇供水管理站，但由于受编制制约，工作人员一般只有2～3人，且人员的技术管理水平参差不齐，要实现对面广量大的农村地区供水设施的管理，难度非常大。

（3）供水服务水平有待加强。据调查，全省大多数地区涉农水厂用电执行的还是工业电价，电费成为运行成本中比较大的一项支出，同时大部分水厂难以从水费中提取维修和养护费用，多数县级财政未落实农村供水工程维修养护资金，随着设备、管网老化，维护费用逐年增多，资金不足制约了工程的良性运行和供水服务水平。

专栏四　规划建设县农村供水存在的突出问题

通过前期调查发现，16个规划建设县（市、区）由于受城市化率低、农村人口多以及贫困区集中等制约，农村供水问题一直较为突出，主要表现在：

（1）水源地保护问题。还有部分水源地尚未完成达标整治，有的是因为未被列入饮用水水源地保护名录；有的还存在水源取水口位置有污染风险，需要搬迁等问题。有的水源地及备用水源建设虽然达标了，但还需进一步加强设施建设和完善管理措施。

（2）水量、水压问题。在实施区域供水、关停小规模农村水厂后，部分涉农水厂新增供水分区，原有供水规模不能满足新增供水人口及企事业单位等的需求；还有部分水厂净水工艺落后，边远镇村供水水压不足。

（3）供水管网问题。前期农村供水工程受投入限制，使用的供水管道管材、管径远不能满足现在农村居民用水要求，有的村内、社区内配水管材还是二十世纪八九十年代铺设的，漏水严重，卫生安全隐患较多。

（4）水厂能力问题。已有的自动化系统主要针对市区用水，乡镇及以下区域由于投资较少，监控等设施欠缺；部分涉农水厂对乡镇增压站的消毒剂投放和有关指标监测不到位，末梢水的取水点布设和数量达不到规范要求；备用深井和增压站的消毒设备和检测设备缺乏。

（5）水费收缴问题。当地外出打工人员较多，出现找不到人缴费的情况；另外改用区域供水后水费提高了，用水户对缴费可能有抵触情绪。

2 规划分析

江苏省总体上已进入工业化中后期，处于全面建成小康社会并向率先基本实现现代化迈进的关键时期，推进城乡发展一体化，对江苏加快转型发展、实现两个率先目标具有重大而深远的意义。实现城乡供水一体化是推进城乡发展一体化的关键举措，是解决农村供水问题的根本方向。本次规划结合江苏全面推进高质量发展和落实乡村振兴战略，深入分析当前面临的形势，谋划“十四五”甚至更长时期的江苏农村供水发展方向。

2.1 需求分析

保障农村供水是一项长期、动态的工作，江苏农村供水工程建设已取得很大成绩，各项指标水平均已位于全国前列。但有些地区城乡统筹一体化供水基础相对薄弱，离全面建成小康社会还有一定的差距，需进一步开展供水工程建设，切实把建设成果巩固住、维护住，使全省农村供水水平再上一个新台阶。农村供水需求分析见表 2-1。

表 2-1 农村供水需求分析表

指 标 名 称	“十三五”初	现 状	“十四五”目标
集中供水率	96%	99%	100%
供水保证率	90%	95%	97%
区域供水入户率	85%	98%	99%以上
管网漏损率	30%	22%	18%
水费收缴率	92%	95%	97%以上

专栏五 全国农村供水现状

至 2020 年底，全国农村集中供水率和自来水普及率分别为 88%和 83%，供水人口达 12.42 亿人，相当于发达国家 20 世纪 90 年代的水平，超过 75%的发展中国家自来水普及率。

1）提高水质保障水平

在农村供水水源水质保障方面，部分规划建设县虽然饮用水水源地水量稳定，但水源所在的河道或水源地取水口有安全隐患，应急备用水源存在水量不足、水源不稳的隐患。因此，本次规划建设县新建、扩建、改建水厂均须配套深度净化工艺，部分增压站、应急供水备用深井，须配套消毒设施和检测设备，进一步提高供水水质安全保障水平。

2）提高供水保证率

规划县(市、区)新、扩建的水厂水源或现有水源地存在安全隐患，一旦发生突发事件，不能满足农村供水需要。需要通过加强水源地、备用水源地达标建设以及搬迁水源地取水口、建设备用水源或几个区域水厂清水互通等形式解决。规划建设的铜山、贾汪、新沂、睢宁等地由于水源条件限制，目前需将深井地下水作为应急备用水源，保持正常供水热启动状态。

3）完善供水设施

经过"十三五"农村饮水安全巩固提升工程，农村居民生活、居住条件改善后，对供水水量和水质的标准提出更高的要求，但现有水厂制水净化设施、管网管材管径与实际要求不匹配。部分水厂需要按规范要求和实际情况配套完善取水、输水、净水和配水设施设备，更换老化的设备，完善消毒和处理设备设施，更换不合格管材，降低管网漏损率，配套更为先进的信息化管理平台，进一步完善设施配套率。

4）提高运行管护水平

农村供水工程运行维护方面还存在管理体制不清、水价不能达到合理成本、维修养护资金不足、农村供水服务尚不完善等问题，与新的农村供水评价标准还有一定的差距，需要进一步落实"三个责任"和"三项制度"，提高城乡供水一体化工程运行管护水平。

2.2　必要性分析

(1) 满足人民群众日益增长的美好生活需要，迫切要求加快推进城乡一体化供水。习近平总书记在党的十九大报告中抓住人民最关心最直接最现实的利益问题，对提高保障和改善民生作出总体部署，提出了新思路和新举措。农村供水和人民群众的生产生活息息相关，必须适应新形势和新要求，加快构建保障民生、服务民生、改善民生、惠及民生的城乡一体化供水新格局，让人民获得感、幸福感、安全感更加充实、更有保障、更可持续。

(2) 加强生态文明建设，迫切要求加快推进城乡一体化供水。践行新发展理念特别是绿色发展理念，深入实施生态文明建设，展现新江苏“环境美”的现实模样，必须饮水保安全，加大水源地保护力度，建立从水源地到水龙头的安全屏障。目前，全省环境约束压力较大，部分水体未达到功能区划标准，水源环境复杂、敏感、脆弱，这就要求加大水源保护和污染整治力度，完善供水安全保障体系建设，加快实施城乡一体化供水，为全省生态文明建设提供重要支撑。

（3）全面推进乡村振兴战略，迫切要求加快推进城乡一体化供水。实施乡村振兴战略，是党的十九大作出的重大战略部署，是“强富美高”新江苏建设的重大任务，是广大农民群众的殷切期盼。农村供水作为农村基础设施的重要组成，必须按照全面、协调、高质量发展的要求，坚持问题导向和目标导向，在补短板、破“瓶颈”、强弱项上狠下功夫，进一步提高农村供水质量和效率，为做好新时代“三农”工作夯实基础。

（4）实现城乡公共服务均等化，迫切要求加快推进城乡一体化供水。加快推进城乡一体化供水是统筹城乡融合发展、实现城乡经济社会发展一体化目标的一项重要任务，是促进城乡公共资源合理配置、缩小城乡发展差距和提高居民生活水平的一项重要手段，必须加快区域供水管网延伸和改造，确保农村居民和城镇居民一样享有获得卫生、清洁自来水的权利，为实现城乡公共服务均等化迈出重要一步。

2.3 平衡分析

2.3.1 水资源需求预测

1）主要发展指标预测

根据《江苏省水资源综合规划》成果，预计到2030年全省总人口约为9 000万人，城市化率达到80%，全省GDP将达到18万亿元，人均GDP达到20万元，全省总体上基本实现现代化。

专栏六 《江苏省水资源综合规划》

《规划》以2008年为现状基准年，提出了2020年和2030年全省用水总量控制、水资源节约与高效利用、水资源质量保护、水生态保护与修复、供水安全保障等目标任务，是江苏省水资源开发、利用、节约、保护和管理的重要依据。

2）需水量预测

2030 年之前，江苏省人口仍将处于增长状态，城镇化仍处于加速发展阶段，在人口总量达到或接近峰值以及城镇化水平达到稳定之前，全省用水总量仍将会维持一定的增长。未来江苏省经济总量仍将大规模增加，虽然采取了一系列强化节水和需求管理措施，但工业及服务业用水仍将处于适度增长的状态。

随着国民经济高速发展和社会主义新农村建设的推进，江苏省城乡居民生活水平明显提高，由此城乡居民生活定额、城镇公共用水定额将呈增长态势。

2030 平水年份全省需水总量将达到 590 亿 m^3，比基准年净增约 47 亿 m^3；中等干旱年份和特枯年份全省河道外需水总规模约为 638 亿 m^3 和 734 亿 m^3。全省需水总量预测成果见表 2-2。

表 2-2　全省需水总量预测表　　单位:亿 m^3

保证率 / 分区	$P=50\%$	$P=75\%$	$P=95\%$
全　省	589.6	638.0	733.8
淮河片	239.5	270.3	321.6
长江片	143.2	151.8	170.2
太湖片	206.3	215.2	241.5

到 2030 年，全省城乡居民生活需水总量为 54 亿 m^3，比现状新增 6.7 亿 m^3。其中，城镇居民生活需水量将达到 43 亿 m^3，比现状新增 7.9 亿 m^3；农村居民生活需水量在 10 亿 m^3 以上，规模略有减少。全省各行业用水量预测见表 2-3。

表 2-3　全省各行业用水总量预测表　　单位:亿 m^3

各年保证率 / 用水行业	中等干旱年(75%)		特殊干旱年(95%)	
	2020 年	2030 年	2020 年	2030 年
各行业用水总量	627.5	637.9	731.3	733.7
生活用水量	47.5	54.2	47.5	54.2
城镇生活用水量	35.4	43.3	35.4	43.2

2.3.2　水资源供给预测

到 2030 年，预计全省多年平均可供水量为 807.1 亿 m^3，中等干旱年可供水量为 844.5 亿 m^3，特殊干旱年可供水量为 932.9 亿 m^3。全省水资源可供水量预测成果详见表 2-4。

表 2-4 全省可供水量预测成果表 单位：亿 m^3

分区	保证率	地表水			地下水	总可供水量
		总量	引江可供	长江直供		
全省	多年平均	801.6	134.7	397.2	5.6	807.1
	中等干旱年(75%)	839.0	172.5	397.2	5.6	844.5
	特殊干旱年(95%)	927.4	264.2	397.2	5.6	932.9

2.3.3 水资源供需平衡分析

在采取强化节水措施、控制需求过快增长、进一步对现有设施挖潜配套和适度开发新水源、合理调配水资源、保障生态环境用水的情况下，2030 年全省多年平均缺水量减少到 2.7 亿 m^3，缺水率降为 0.3%，基本达到供需平衡的目标。全省 2030 年水资源供需平衡分析成果见表 2-5。

表 2-5 全省 2030 年水资源供需平衡分析成果表

分区	保证率	需水量(亿 m^3)	供水量(亿 m^3)	缺水量(亿 m^3)	缺水率(%)
全省	多年平均	809.8	807.1	2.7	0.3
	中等干旱年(75%)	853.4	844.4	8.8	1.0
	特殊干旱年(95%)	949.2	932.9	16.4	1.7

3

总体规划

3.1 指导思想

坚持以习近平新时代中国特色社会主义思想为指导，全面贯彻党的十九大和十九届二中、三中、四中、五中全会以及习近平视察江苏重要指示精神，实施区域协调发展战略，以城乡供水一体化为目标，按照城乡供水“全域覆盖、融合发展、共建共享、服务均等”的发展思路，贯彻“规模化发展、标准化建设、市场化运作、专业化管理”的具体要求，加快农村供水管网更新改造、环状管网建设、水源地达标建设、供水监测监管能力提升，实现城乡区域供水全覆盖、深度处理全覆盖、供水配套全覆盖、应急备用水源全覆盖、监测监管全覆盖。

3.2 规划原则

城乡融合，统一规划。以县域为整体，以统一规划、统一建设、统一管护为目标，打破行政区划界限，充分考虑水资源的承载能力，合理规划工程建设。

节水优先，源头保护。把水资源的节约、保护、配置放在突出位置，加强农村饮用水水源保护，全面推进水源地“划、立、治”工作。

统筹兼顾，突出重点。优先实施供水管网延伸改造、规模化集中供水工程净水工艺升级、水源地达标建设，兼顾配套信息化设施。

创新机制，长效管理。通过明确工程产权，创新工程管理维护，强化政府部门监管，推行以城带乡、以大带小、政府购买服务等模式，推动工程长效管理，持久发挥效益。

智慧水务，优质服务。通过智慧水务建设，实现农村供水标准化、信息化、精细化和规范化的全过程管理，促进行业节能降耗和降本增效，提升服务质量和水平。

3.3 规划依据

（1）《江苏省水资源综合规划》（苏政复〔2011〕29 号）

（2）《江苏省乡村振兴战略实施规划（2018—2022 年）》

（3）《农村饮水安全评价准则》（T/CHES 18—2018）

（4）《水利部关于推进农村供水工程规范化建设的指导意见》（水农〔2019〕150 号）

(5)《水利部关于建立农村饮水安全管理责任体系的通知》(水农〔2019〕2号)

(6)《关于推进乡镇及以下集中式饮用水源地生态环境保护工作的指导意见》(环水体函〔2019〕92号)

(7)《水利部办公厅关于加快推进农村供水工程水费收缴工作的通知》(办农水〔2019〕210号)

(8)《生活饮用水卫生标准》(GB 5749—2006)

(9)《城市居民生活用水量标准》(GB/T 50331—2002)

(10)《室外给水设计标准》(GB 50013—2018)

(11)《饮用水水源保护区划分技术规范》(HJ 338—2018)

(12)《饮用水水源保护区标志技术要求》(HJ/T 433—2008)

(13) 其他相关文件、规划及技术标准。

3.4　规划思路

按照江苏省农村供水新标准加强水源保护和水质保障,以问题为导向,加快实施农村供水老旧管网更新改造、环状管网建设、水源地达标建设、水质监测和监管能力建设,着力构建从源头到龙头的城乡供水保障工程体系、规范化管理体系;健全工程长效运行管理机制体制,不断提高农村供水水质、水量、供水保证率和供水集约化水平,全面实现城乡供水高质量发展目标。

3.5　规划目标

到2022年,全省农村集中供水率达到100%,供水保证率为95%,区域供水入户率为99%以上,供水水质、水量和供水服务达到江苏省农村供水新标准,全面落实“三个责任”“三项制度”,农村管网漏损率控制在20%左右,水费收缴率为95%以上。

到2025年,供水保证率达到97%,规划范围内全面实现双水源,水源地及应急备用水源地全部达标;农村管网漏损率控制在18%左右,水费收缴率为97%以上,基本实现城乡供水一体化管护。

3.6 水源布局

3.6.1 水源地现状

江苏省农村供水状况评估结果显示，全省农村供水涉及集中水源地 143 处，其中地表集中式饮用水水源地 97 处，地下集中式饮用水水源地 4 处，乡镇集中式饮用水水源地 23 处，地表水应急备用水源地 19 处。

3.6.2 水源地建设

水源地达标建设是落实最严格水资源管理制度的重要内容，是落实《中华人民共和国水污染防治法》等相关法规标准要求、提高管理水平和效率的重要手段，是保障人民群众饮水安全的重要任务。

拟对集中供水水源地重新进行安全评估，以改善饮用水水源水环境质量为重点，依法采取有效措施，加强一级保护区隔离防护及整治、二级保护区整治、准保护区污染控制、监测体系完善及应急能力建设，建立高效协调的饮用水水源环境监管机制。划定饮用水水源地保护区和准保护区，对保护区内严重影响水质和水量安全的障碍和隐患，限期进行整改。积极推进饮用水水源地安全保障达标建设，加强备用水源建设，并纳入水源地管理与保护。同时针对不同类型、不同水系水源地可能出现的水污染突发事件，逐一落实应急管理措施，确保水源地安全供水。对保留备用地下水源，进行严格的水量和水质安全论证。

3.7 水厂布局

3.7.1 水厂概况

江苏共有涉农水厂 144 处，设计日供水总规模为 2 640 万 m^3。其中，设计日供水规模 40 万 m^3 以上的工程 19 处，农村供水人口 200 万人；设计日供水规模 10 万～40 万 m^3 的工程 66 处，农村供水人口 2 246 万人；设计日供水规模 4 万～10 万 m^3（含 4 万 m^3）的工程 31 处，农村供水人口 1 680 万人；设计日供水规模 1 万～4 万

m^3的工程15处，农村供水人口130万人。

江苏省涉农水厂设计日供水能力以4万m^3以上为主，供水能力占全省供水能力的98.3%。不同规模水厂设计日供水能力分布情况见图3-1。

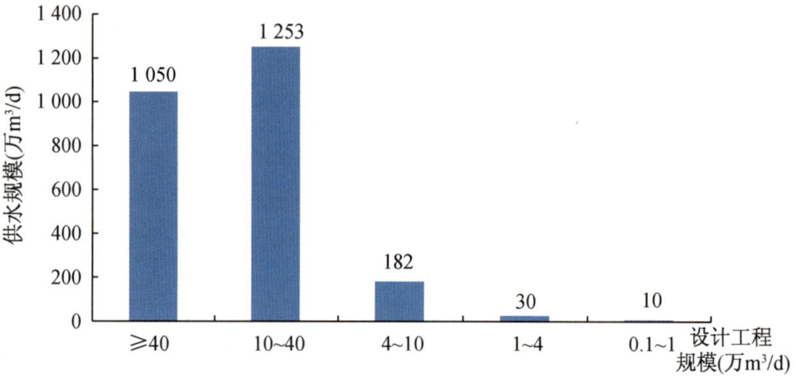

图3-1 不同规模水厂供水能力分布图

部分水厂虽以地表水作为水源，但由于水厂建成时间较早，供水规模偏小，相距较远，难与县域范围内区域供水水厂连通，且制水工艺落后，水质、水量、水压均不能得到保证，达不到“同源、同质、同网、同服务”的要求。

3.7.2 水厂建设

“十四五”拟按照适度超前的原则，推进水厂新建、区域供水水厂扩建改建以及制水工艺的提档升级，加快供水管网更新改造，优先向供水规模不足、水质达标有风险、供水效率不高、供水设施老化等地区推进，同时加强区域供水主干管环网建设。新、扩建水厂同步配套深度处理工艺，对既有水厂开展深度处理配套改造，保障供水安全。

4

建设任务

本次规划建设内容共涉及苏北地区徐州、连云港、淮安、盐城 4 个市 16 个县(市、区),具体为铜山区、贾汪区、邳州市、睢宁县、新沂市、丰县、沛县、灌云县、清江浦区、洪泽区、淮安区、盱眙县、滨海县、阜宁县、响水县、建湖县。规划建设内容主要包括:水源工程建设(含水源划、立、治),水厂工程建设,管网更新改造,计量装置建设,水厂能力建设(含水质化验室和自动化监控系统)。

4.1 水源工程

通过"十三五"农村饮水安全巩固提升工程建设,全省已基本划定了饮用水水源保护区,并大规模开展达标建设,但部分县区在防护建设、标志建设及管理措施方面还不够完善。"十四五"期间,规划建设县对划定为饮用水水源地的水体,立足各地现有水源和供水设施,充分利用区域性水资源,合理配置境内水资源,以改善水源水环境质量为重点,加大地方饮用水水源地、备用水水源地及乡镇水厂饮用水水源地划、立、治达标建设,提出水源保护区具体建设方案,提高"十四五"期间饮用水水源安全保障。

本次规划共涉及 7 个县(市、区),水源地保护建设共 13 处,备用水源地建设 68 处,其中地表水源工程 2 处,地下水源工程 66 处。主要建设内容如下:

(1) 水源地保护工程。设置各项水源地保护的物理措施,如水质监测系统以及取水口、引水渠道(管道)、泵房、浑水输水管等工程设施。根据《江苏省人民代表大会常务委员会关于加强饮用水源地保护的决定》(2012 年修订)有关要求,划定部分水域、陆域为饮用水水源保护区和准保护区,并设置明确的地理界标和明显的警示标志及防护设施。"十四五"期间水源地保护工程建设内容见表 4-1。

表 4-1 "十四五"农村供水保障规划水源地保护工程建设情况表

县 名	水源地保护建设/处	划定保护区	保护区标志设置	保护区隔离防护	取水设备建设	浑水管网建设
合 计	13					
新沂市	1	有	有	有	有	有
丰 县	1	/	/	/	有	/
灌云县	3	有	有	有	/	/
盱眙县	5	有	有	有	有	/
滨海县	3	有	有	有	有	有

（2）备用水源地建设。为提高供水系统的安全性和可靠性，以现有水源保护和合理利用为主，因地制宜规划建设新的地表水水源厂或封存保留备用水源井。对备用地表水水源地建设从水质状况、启用条件、替代能力、维护管理等方面开展水源保障能力评价。对于规划“封存备用”的水井，严格做好日常管理与保护工作，通过落实“四个一”（一证，取水许可证；一表，计量设施表；一牌，自备水源井牌号；一卡，档案管理卡）管理制度，加强用水定额、用水效率控制和水质检测等措施进行地下水源地的保护。备用水源地规划建设情况见表 4-2。

表 4-2　“十四五”农村供水保障规划备用水源地建设情况表　　单位：处

县　名	建设性质	备用水源地建设	
		地表水源工程	地下水源工程
铜山区	改造	/	66
灌云县	改造	1	/
淮安区	改造	1	/

4.2　水厂工程

“十三五”期间关停小规模农村水厂，部分规划建设县需要重新划分供水分区，为进一步巩固区域供水一体化成果，需新建、扩建水厂，同时部分水厂净水工艺也需提档升级。按照适度超前的原则，“十四五”期间优先向供水规模不足、水质不达标、供水效率低、供水设施老化等地区推进，确保达到国家饮用水水质、水量、水压标准。另外，对部分乡镇增加加压设施，提高供水水压、水量，满足边远地区农村群众生活需求，保障供水安全。

（1）水厂新建、扩建（改造）工程。新建、扩建（改造）水厂水处理工艺均为深度处理，建成后与县内其他区域供水厂通过清水联络管道互联互通，互为备用。建设内容包括：取水口、取水送水泵房、厂房及设备、制水设施、清水池、自动化监控与供水管理信息化系统等。扩建（改造）工程建设内容包括：水厂厂房、化验室、管理房等非直接生产设施的维修改造。

本次规划涉及 10 个县（市、区），共建设水厂 14 处，其中新建水厂 3 处、扩建水厂 6 处、改造水厂 5 处，配套制水设施 78 组，详见表 4-3。

表 4-3 “十四五”农村供水保障规划水厂建设情况表

县 名	工程处数(处)				制水设施(组)
	工程总数	新建工程	扩建工程	改造工程	
合 计	14	3	6	5	78
铜山区	1	/	/	1	66
新沂市	1	/	1	/	3
丰 县	1	/	1	/	/
灌云县	1	1	/	/	1
淮安区	1	/	1	/	1
盱眙县	1	/	/	1	1
滨海县	3	/	2	1	2
阜宁县	2	1	/	1	2
响水县	2	1	/	1	2
建湖县	1	/	1	/	/

(2) 增压站新建、改造工程。重点对地势较高镇村和区域供水末梢乡镇，新建或改造部分增压站，建设内容包括：增压设备、站房、清水池、二次消毒设施更新等。

“十四五”期间，计划对 9 个县(市、区)增压站进行新建、改造，共建设 91 座增压泵站，其中区域增压站 23 座，镇、村级增压站 68 座，各县(市、区)增压站规划建设情况见表 4-4。

表 4-4 “十四五”农村供水保障规划增压站建设表　　单位：座

县 名	总数	区域增压站	镇、村级增压站
合 计	91	23	68
邳州市	8	6	2
睢宁县	50	/	50
灌云县	1	1	/
洪泽区	2	/	2
淮安区	1	1	/
盱眙县	12	6	6
滨海县	12	6	6
响水县	1	1	/
建湖县	4	2	2

（3）水处理设施改造配套工程。重点对农村饮水安全工程实施以来配套不完善或由于水源变化引起水质达标率降低的一定规模以上现有工程进行配套改造。主要建设内容：完善水处理设施和配套消毒设施。

本次规划涉及10个县（市、区），配套常规处理设施78套、预处理设施13套、深度处理设施9套、强化常规处理设施4套、消毒设备102套，水处理设施规划配套详情见表4-5。

表4-5 “十四五”农村供水保障规划水处理设施配套表 单位：套

县 名	常规处理设施	预处理设施	深度处理设施	强化常规处理设施	消毒设备
合 计	78	13	9	4	102
铜山区	66	/	/	/	66
贾汪区	/	/	/	/	14
新沂市	3	2	2	1	2
丰 县	/	2	/	/	/
灌云县	1	1	/	1	10
淮安区	1	1	1	1	1
盱眙县	1	1	/	/	1
滨海县	3	3	3	/	3
阜宁县	2	2	2	/	4
响水县	1	1	1	1	1

4.3 管网更新

通过供水管网更新、改造、配套等措施，统筹解决部分地区供水管网标准低、材质差、老化失修等问题，进一步降低管网漏损率。水源地备用水源互为应急备用，或者清水管联络管路互通，逐步实现区域乡镇双回路供水，进一步保障供水安全。

主要建设内容：各区域供水水厂至乡镇、乡镇与乡镇间清水管和联络管、乡镇至村的骨干管网建设和村以下的配水管网建设。清水管、联络管主要采用球墨铸铁管或PE管，过桥用钢管架设，过河用钢管顶管；镇村骨干管网为球墨铸铁管，村级以下管网为 PE 管。

本次规划涉及 14 个县(市、区),共更新改造管网 10 290 km,其中联络管网 535 km,通镇管道 640 km,通村管道新建 285 km、改造 1 075 km,村内管道(含入户管道)新建 1 760 km、改造 5 995 km,详见表 4-6。

表 4-6 “十四五”农村供水保障规划管网更新改造情况表

县名	更新改造管网	联络管网		通镇管道		通村管道		村内管道(含入户管道)	
	总长(km)	数量(条)	长度(km)	数量(条)	长度(km)	新建(km)	改造(km)	新建(km)	改造(km)
合计	10 290	68	535	63	640	285	1 075	1 760	5 995
铜山区	2 625	25	120	32	350	145	530	920	560
贾汪区	532	2	5	10	45	25	30	222	205
睢宁县	1 000	/	/	/	/	/	/	/	1 000
丰县	255	/	/	/	/	/	45	/	210
沛县	307	/	/	/	/	32	/	135	140
灌云县	1 945	/	/	/	/	/	180	/	1 765
清江浦区	3	1	3	/	/	/	/	/	/
洪泽区	138	/	/	/	/	/	/	8	130
淮安区	712	6	92	/	/	/	40	50	530
盱眙县	285	/	/	5	150	/	35	/	100
滨海县	2 048	20	110	16	95	83	70	425	1 265
阜宁县	205	3	45	/	/	/	70	/	90
响水县	125	10	125	/	/	/	/	/	/
建湖县	110	1	35	/	/	/	75	/	/

4.4 计量装置

解决区域供水水量问题,合理配置分区计量、分区测压,分区计算管网漏损率,提高按方收费率。主要建设内容:分区计量水表、信息采集监测点、水厂(含增压站)进出水表、入户水表等。

本次规划涉及 13 个县(市、区),配备进、出水厂计量水表 1 400 块,入户水表 741 869 块,各县(市、区)计量装置配备情况具体见表 4-7。

表 4-7 “十四五”农村供水保障规划计量装置配备情况表 单位:块

县 名	总数	进、出厂计量水表（含分区计量水表）	入户水表	备注
合 计	743 269	1 400	741 869	
铜山区	60 066	66	60 000	
贾汪区	63 543	193	63 350	
睢宁县	100 000	/	100 000	
丰 县	12 485	/	12 485	
灌云县	150 000	/	150 000	
清江浦区	22 934	/	22 934	更换检修阀 27 096 个
洪泽区	5 000	/	5 000	
淮安区	100 006	6	100 000	
盱眙县	130 002	2	130 000	
滨海县	58 102	2	58 100	
阜宁县	40 004	4	40 000	
响水县	900	900	/	
建湖县	227	227	/	

4.5 水厂能力

进一步加强规模水厂生产控制、在线监测、视频安防等系统建设,逐步实现从取水、制水到输配水的供水过程监管;进一步加强水质检测监测能力建设,健全水质卫生常规监测制度,完善省、市、县三级农村供水水质监测网络,全面提升农村供水安全监管水平。

规模化水厂能力建设包括水质化验室和自动化监控系统两项,本次规划共新建水质化验室 9 处、自动化监控系统 13 处,见表 4-8。

表 4-8 “十四五”农村供水保障规划规模化水厂能力建设情况表 单位:处

县 名	水质化验室	自动化监控系统
合 计	9	13
铜山区	/	1
新沂市	/	1
灌云县	1	1
清江浦区	/	1
淮安区	1	2
盱眙县	1	1
滨海县	3	3
阜宁县	2	2
响水县	1	1

5

工程管理

5.1 行业管理

随着农村饮水安全巩固提升工程建设不断推进，越来越多农村居民的饮水条件得到持续改善，工程能否正常运行，能否长期可持续，已成为农村居民饮用水安全保障的关键，必须强化行业监管激发内生动力，不断提升工程运行管理水平。

5.1.1 建立健全监管体制

农村供水是一项系统性工程，工程建设运营涉及水源、水处理、供水管网、末端用水户及运行监管等多个环节。

1）统一监管，明确监管机构

建立健全县（市、区）行政首长负总责、分管领导具体负责、部门合力推进的有效机制。按照职能分工，发展改革、水利、卫生、生态环境、财政、住建等部门各司其职，各负其责，加强协调，密切配合，共同推进农村供水工作。探索实行城乡供水统一监管制，农村供水省级由水利部门统一扎口，市县行业管理由一个部门对城市供水和农村供水统一监管。具体行使监管职能时，供水企业只与监管机构直接接触，再由监管机构与其他部门协商执行相关事宜。

2）重组市场，构建竞争性格局

加快政府职能转变和企业产权制度改革，实行政企分开，转换经营管理机制，建立现代企业制度。在一定程度上，水厂经营引入市场竞争机制，针对以水质、水价和服务监督为核心的供水行业监管体系建设，打破供水行业垄断经营。

3）加强监管，规范市场化运作

水行政部门加强对供水企业的行业监管，国有资产管理委员会加强对供水企业的资产监管，让企业成为享有自主经营权的法人实体，取代政府和企业之间传统的行政隶属关系，从根本上实现供水企业经营机制的转换。建立有效的特许经营模式，加强政府服务能力，将供水设施的兴建、经营权交给企业，建立经营权、所有权、监管权相互制约的水务经营模式，形成以政府为主导，供水企业、公益组织、社会公众等多元主体参与，政府、社会、市场有机结合的水务监管模式，推动农村供水行业产业化与市场化发展。

5.1.2 优化监管制度

加强农村供水监管，建立健全农村供水监管制度，使监管工作有法可依、有章可循、有据可查。

1）完善农村供水法律法规

提高农村供水保障必须依靠规范化、制度化的供水法律体系。研究健全农村供水行业监管的法制体系，明确行业监管的法律授权，增强执行力度和可操作性；建立健全农村供水监管制度，明确农村供水行业监督办法、问题责任追究办法、监管信息公示办法、监管队伍管理办法以及年度监管检查计划，健全监管公开制度，健全县级农村供水管理办法、工程运行管理办法等规章制度。

2）全面推行特许经营制度

推行特许经营制度，建立健全规范的供水行业技术标准和管理服务规范，加强对供水成本的监督和管理，保障企业生产的成本效率。

3）健全监管公开制度

通过信息公开的形式将监管条件、程序、规范、标准、制度以及市场准入、运营、退出等各监管环节向社会公开，自觉接受用户的监督，建立快速、准确、通畅的监管信息渠道，增强监管工作透明度，协调供水企业与用户间的利益矛盾，维护市场公平公正秩序。

5.1.3 健全监管体系

1）加强水源地保护

定期公布水源保护区的划定以及保护工作。健全农村供水水源保护制度，建立城乡水资源开发利用联防联控制度。

划定保护范围，制定保护方法，布设保护措施，设立界标、警示牌、宣传牌，加强对在水源地周边设置排污口的管理，限制和禁止垃圾、污水和有害物质进入水源区。杜绝垃圾和有害物品堆放，防止供水水源受到污染。明确水源地监管保护责任主体、责任人，将相关信息在主要媒体上进行公示，按照“谁损坏谁负责，谁污染谁治理”原则，强化问责，限期由责任方解决问题，恢复供水。做好农村污水处理工作，确保水源不受二次污染。

加大经费投入，健全管理机制，落实管理机构设置、人员配备和监测监管体系，建立和完善水源地环境与安全巡查、检查制度。充分利用取用水等许可资质，严格管控水厂，保证水源安全。按照水源地达标建设的要求，坚持政府主导，规范设置各类保护区，完善水源地及保护区内外巡查工作机制，全面排查影响农村供水水厂水源安全的各类隐患，加强对主要干支流河道周边污染源的监控，从水质状况、启用条件、替代能力、维护管理等方面开展应急备用水源评价，保证及时启用。

2）强化监管水质

建立相互配合、相互制约的农村供水水质管理机制，强化对供水企业水质的监督管理，使农村供水水质达到相应的水质标准。完善“政府监管、行业监测、企业自检、公众监督”的水质监管体系，建立省市县三级巡查、抽查农村生活饮用水水质全过程监控体系和制度；优化水厂自检、市县水质检测中心巡检和各级卫生部门监测三位一体的水质保障体系；建立农村供水水质检测专项资金，专项用于保障农村供水末梢水质日常监测；建立相应农村供水水质监控标准，具体细化分项指标。

3）规范水费计收

落实《水利部办公厅关于印发农村供水工程水费收缴推进工作问责实施细则的通知》（办农水〔2020〕120 号）要求，进一步安装、完善供水工程计量设施，规范水价核定，规范水费收缴，结合实际制定各项规章制度，健全完善分级监督管理体系，加快建立农村供水工程合理水价形成和水费收缴工作机制。

专栏七　《农村供水工程水费收缴推进工作问责实施细则》

《细则》由水利部办公厅颁布，自 2020 年 5 月 26 日起施行。《细则》明确了省级水行政主管部门在农村供水工程水费收缴推进方面的工作职责，阐明了问责情形、问题认定来源、问责方式，并明确将农村供水工程水费收缴推进工作问责情况纳入水利相关工作考核范围。

4）严格供水服务监管

保证供水设施安装、维护、抢修及时到位，保证供水水量充足、水费收缴准确合理；强化供水服务监管，设立 24 小时服务热线电话及投诉处理监督电话，建立用户服务呼叫系统，实现对用户来电的自动处理；监督供水企业定期检测管网压力点，确保供水量充足；约束供水企业对外服务行为，制定完善对外服务的标准。

5.2 运营管理

5.2.1 工程产权改革

推进产权改革，引入市场机制。因地制宜明确工程产权，改革工程管理体制和管理模式，引入企业投资建设和运营；鼓励以政府和社会资本合作等方式吸引社会力量参与农村供水设施建设运营；在明确产权的基础上，层层建立管理组织，分级落实管理责任。

5.2.2 管理机制改革

供水管理单位执行定期报告制度，及时公示水价、水量、水费收入及支出情况，充分利用媒体、自媒体平台发布信息，接受用水户和社会的监督、质询和评议，形成有效的约束监督机制。通过政府购买服务、经营权承包等方式，推行公司化运营和专业化管理。

5.2.3 管理制度改革

1）完善内部管理制度

进一步建立健全供水单位内部管理制度，做到规范化管理。建立信息公开制度，定期对水价、水量、水费收支、工程折旧费等管理和使用情况进行公示，接受用水户和社会监督；进一步加强财务管理，明确水费开支范围和审批权限，执行国家财务会计制度，建立健全内部财务管理制度；健全工程折旧费、维修养护费管理制度，保证资金安全和专款专用。

2）完善水质卫生检测和控制体系

建立从原水、出厂水到管网水全过程的卫生检测和控制体系，确保达到供水卫生要求。建立健全水质检测体系，完善水厂的水质检测硬件设施，建立有效的水质检测制度；建立严格的取样、检测和化验制度，按照现行有关技术标准，定期对水源水、出厂水和管网末梢水进行水质检验，完善检测数据的统计分析和报表制度；制定以岗位责任制为中心的各项工艺技术操作规程和水质管理制度；加强对农村水厂生产安全管理的指导，完善操作规程和安全制度，通过举办培训班和创建先进

(合格)水厂等形式,加强技术指导,促进水厂规范管理和规范经营。

3) 强化应急处置机制

建立健全农村饮用水安全应急处置工作机制。完善应急预案,落实应急预案定期修订和备案管理制度,强化应急知识培训和预案演练。落实应急物资储备,加强应急队伍建设,提高突发事件处置能力。

5.2.4 运行机制改革

充分调动社会资本投入,鼓励社会资本通过采取多种方式参与工程建设和运营管理。充分发挥社会资本方在债券发行、融资租赁、资产证券化、股权投资等方面的优势,整合散、小、乱的农村供水市场。积极推行 EPC、代建制、PPP 等建设模式,将政府的引导、监督职能与企业的管理优化和风险控制优势结合起来,提高农村供水工程的效率和质量,激励和动员多样化的社会力量参与,实现供给侧结构改革的同时提高农村供水的市场化程度。

5.3 建设管理

农村供水工程的设计与建设严格参照国家相关标准,严格执行基本建设程序,强化标准化、规范化管理;工程建设全面实行项目法人制、招标投标制、建设监理制、合同管理制;认真落实业主在项目建设管理中的权利、义务、责任,优化资源配置,建管结合;重视工程建设效益,提高建设水平;加强重点环节和施工过程质量管控,不断提高项目建设管理水平。

5.4 水价水费

5.4.1 加强队伍建设

1) 创新监管手段

大力推行"互联网+",增强行业监管能力。构建农村供水信息管理系统,完善数据,为行业监管提供数据等支撑;优化升级信息自动化建设,充分利用互联网和大数据发展成果,实时在线了解农村供水状况,以信息化监测替代传统的人工监管，解决农村供水行业监管中存在的技术力量薄弱问题。

2）提升监管能力

针对农村供水特点和基层技术力量薄弱环节，对管理、水处理设施运行维护、水质检测等关键岗位人员，进行多方位、多层次、多形式的培训，建立执证上岗制度，全面提高管理人员和技术人员的工作能力、业务水平和服务意识。积极引进给排水专业、计算机网络通信等方面的专业人才，完善行业单位内部专业结构，建立以聘用制为基础的用人制度，按照精简、高效原则确定管理岗位和人员，提高待遇，定期考评，优胜劣汰，促进岗位良性竞争。加大宣传力度，全面开展饮水安全、水价水费、环境卫生、健康教育宣传，普及饮水安全知识，提高全社会对饮水安全重要性的认识，增强用水户的水费缴纳意识，降低行业监管工作任务困难度，提高群众满意度。

5.4.2 健全水价形成机制

建立科学、合理的水价机制，保证工程在经济上的可持续运行，吸引更多的社会资本。出台指导农村供水合理水价机制建设的顶层设计文件，明确合理水价形成机制的基本原则和主要目标，对价格形成的有关工作提出明确要求。测算、申报农村居民用水水价时，水行政主管部门负责指导农村供水单位开展水价测算，适时申报价格调整申请。建立健全农村供水水价测算标准体系，明确水价组成和核定标准。完善农村供水定价和适时调整的水价机制，全面推行农村供水分类定价，进一步推行“两部制”水价和“阶梯”水价。

5.4.3 优化水费征收体系

充分发挥主管部门的组织引导作用，加强培训宣传，使基层管理人员熟知农村供水工程水价核定、水费收缴等相关政策和依据。创新水费收缴方式，结合各地区实际，建立水费收缴激励奖励机制，鼓励用水户积极缴纳水费；充分运用信息化手段，加快推进计量设施安装和提升改造，探索手机终端App、微信公众号、二维码支付等，降低收缴成本，提高服务水平和收缴精度。积极推行“水价、水量、水费”三公开，提高水费实收率。水费收入专户管理，专项使用。

6

投资估算

6.1 主要内容

6.1.1 投资组成

“十四五”农村供水保障规划总投资由水源工程投资、水厂工程投资、输配水管网投资、计量装置投资以及水厂能力建设投资五大部分组成。

1）水源工程投资

可分为水源水厂建设投资和饮用水水源地保护区划、立、治投资。

2）水厂工程投资

除了水厂的建设投资，还包括增压站、水处理设施和配套消毒设备投资。

3）输配水管网投资

包括浑水输水管、清水输水管、清水联络管道、村级以上管网和村内管网投资。

4）计量装置投资

包括进、出水厂水计量装置、分区计量装置、增压站计量装置投资和入户水表投资。

5）水厂能力建设投资

包括水质化验室投资和自动化监控系统投资。

6.1.2 估算方法

县级通过参考同类工程（设备）投资估算以及典型工程法，测算全县“十四五”农村供水保障规划的投资规模。其中，现有输配水管网工程中浑水输水管、清水输水管、清水联络管道以及镇到村的管网根据实际管网工程量估算，村内管网根据典型工程人均投资估算；新建、扩建、改造配套工程中水厂、加压站等根据工程数量和规模参考同类工程投资进行估算；水质净化设施参考同类工程投资进行估算，消毒设备根据台数和单价进行估算，水质化验室根据典型工程按数量估算；县级农村供水工程信息化系统计量设施建设各县根据具体情况估算。

省级对各县规范建设范围和对应投资进行复核汇总，测算出全省总投资。

6.2 典型估算

6.2.1 灌云县规划内容

1）水源地建设

规划在古泊善后河水源地增设水质监测设施 1 处，划定保护区面积约 225 万 m^2，增设保护区标志，增设隔离网防护措施约 41.6 km。

2）水厂建设

本次规划拟在东部城区新建四队水厂与区域供水并网，水源地为古泊善后河，新建四队水厂后既能解决现状水厂供水量不足的问题，也能解决东部城区水压不足的问题，还能实现双水源供水，进一步提高供水保障率。遇突发事件时，新建水厂可与现状水厂互为备用，增强应对突发事件的抗风险能力。水厂规模约为 8 万 m^3/d。由于区域供水及农村饮水安全供水管网逐步覆盖，原陡沟加压站供水范围扩大，现状规模已不能满足供水需要，拟改造陡沟加压站 1 座。更换水处理消毒杀菌设备 10 套。

3）输配水管网建设

本次规划主管网改造共涉及同兴镇、伊山镇、侍庄街道、杨集镇、四队镇和东王集镇 6 个镇(街道)，管径为 DN90～400 mm，总长 181.09 km。规划村内管网改造共涉及同兴镇、伊山镇、侍庄街道、杨集镇和四队镇 5 个镇(街道)共计 53 个行政村，本次规划村内管网改造总长度约为 804 km，入户管网总长度约为 962 km。

4）计量装置

为了服务智慧水务建设，完善管网信息采集，本次规划拟更换智能远传水表 15 万块。

5）水厂能力建设

拟新增水压监测点 51 处，水量监测点 690 处，监管中心 1 处、分中心 13 处，智慧水务平台建设及应用开发 1 项。

6.2.2 灌云县规划投资

1）水源工程投资

水源地建设总投资约 2 050 万元，水源地建设投资估算见表 6-1。

表 6-1 水源地建设投资估算表

序号	项 目	单价(万元)	工程量	单位	总价(万元)
1	水源地隔离网	0.03	41 600	m	1 248
2	保护区标志	0.4	6	个	2.4
3	水源地水质监测设施	800	1	项	800
总投资估算					2 050.4

2）水厂工程投资

① 新建水厂

新建水厂投资约 19 600 万元。四队水厂主要工程量及投资估算见表 6-2。

表 6-2 四队水厂主要工程量及投资估算表

序号	项 目	尺 寸	单位	数量
1	取水泵房	26.8 m×16.2 m×9.2 m	座	1
2	网格絮凝池	11.86 m×7.8 m×4.45 m	座	2
3	平流沉淀池	81 m×7.8 m×3.8 m	座	2
4	V 型滤池	16 m×22.2 m×4.5 m	座	2
5	生活用水清水池	27.3 m×19.5 m×4.5 m	座	2
6	加矾间	29.0 m×9.0 m×6.0 m	座	1
7	加氯间	26.0 m×9.0 m×6.0 m	座	1
8	臭氧接触池	9.0 m×4.6 m×5.0 m	座	1
9	臭氧处理间	12.0 m×9.0 m×6.0 m	座	1
10	活性炭吸附间	48.0 m×16.0 m×8.5 m	座	1
11	废水调节池	15.0 m×36.6 m×4.0 m	座	2
12	污泥浓缩池	18.0 m×4.0 m	座	2
13	污泥脱水间	12.0 m×24.3 m×6.0 m	座	1
14	生活吸水井	9.4 m×3.8 m×6.2 m	座	1
15	生产吸水井	8.9 m×5.9 m×6.2 m	座	1
16	二级泵房	32.0 m×11.6 m	座	1
17	配电间	8.4 m×23.0 m	座	1
18	机修间	20.0 m×10.0 m	座	1
19	综合楼	50.0 m×10.0 m	座	1
20	车棚	20.0 m×4.0 m	座	1
21	门卫	6.0 m×6.0 m	座	1
22	总占地面积	330 m×135 m	m^2	44 550
总投资估算			万元	19 600

② 改造加压站

改造陡沟加压站 1 座，投资 500 万元。

③ 设备更新改造

更换水处理消毒杀菌设备 10 套，总计 600 万元。

3）输配水管网投资

本次规划主管网改造管径为 DN90～400 mm，总长 181.09 km，投资约 4 100 万元。村内管网改造总长度约为 804 km，入户管网总长度约为 962 km，投资约 10 520万元。对全县主、支管网进行冲洗消毒，投资约 200 万元。

4）计量装置投资

为了服务智慧水务建设，完善管网信息采集，本次规划拟更换智能远传水表 15 万块，投资约 6 750 万元。

5）规模化水厂能力建设投资

智慧水务建设投资估算见表 6-3。

表 6-3　智慧水务工程估算表

序号	项　目	单价(万元)	工程量	单位	总价(万元)
1	水压监测	0.3	51	个	15.3
2	水量监测	2	690	个	1 380
3	监管中心	80	1	项	80
4	分中心	5	13	处	65
5	收费大厅建设	120	11	处	1 320
6	智慧水务平台搭建	100	1	项	100
总投资估算					2 960.3

6）灌云县工程建设总投资

根据上述各项投资汇总情况，初步估算“十四五”期间灌云县农村供水保障投资总额约为 4.73 亿元，其中水源工程投资约 2 050 万元，水厂工程投资约 20 700 万元，输配水管网投资约 14 820 万元，计量装置投资约 6 750 万元，规模化水厂能力建设投资约 2 960 万元，具体见表 6-4。

表 6-4 灌云县农村供水保障建设投资汇总表

序号	投资项目	估算投资金额(万元)
一	水源工程	2 050
1	水源地建设	1 250
2	划、立、治	800
二	水厂工程	20 700
三	输配水管网工程	14 820
1	村级以上管网	4 300
2	村内管网	10 520
四	计量设施配套	6 750
五	规模化水厂能力建设	2 960
合　　计		47 280

6.3 投资估算

经统计,江苏省"十四五"农村供水规划建设内容共涉及苏北地区 4 个市 16 个县(市、区),总投入约 52 亿元,其中水源工程投资 4.68 亿元,水厂工程投资 15.32 亿元,输配水管网投资 26.70 亿元,计量装置投资 2.96 亿元,水厂能力建设投资 2.35亿元,如图 6-1 所示。具体各县(市、区)分项投资情况见表 6-5。

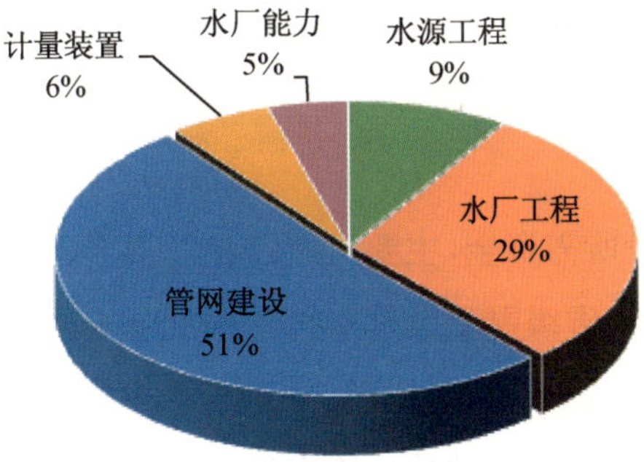

图 6-1 "十四五"农村供水保障规划投资结构图

表 6-5 “十四五”农村供水保障规划工程投资表 单位：万元

序号	县 名	总投资	水源工程投资	水厂工程投资	管网更新改造投资	计量装置投资	水厂能力建设投资
合 计		520 000	46 750	153 230	266 950	29 590	23 480
1	铜山区	52 300	2 400	2 500	41 800	2 800	2 800
2	贾汪区	9 380	0	800	8 200	380	0
3	邳州市	10 500	0	10 500	0	0	0
4	睢宁县	9 500	0	3 000	4 000	2 500	0
5	新沂市	30 100	19 100	6 000	0	0	5 000
6	丰 县	12 200	750	5 000	6 200	250	0
7	沛 县	10 200	0	0	10 200	0	0
8	灌云县	47 150	2 000	20 700	14 800	6 700	2 950
9	清江浦区	2 070	0	0	1 000	1 070	0
10	洪泽区	2 010	0	500	1 250	260	0
11	淮安区	60 150	2 000	13 500	40 800	3 050	800
12	盱眙县	80 100	10 700	12 000	50 400	2 600	4 400
13	阜宁县	61 980	0	27 000	33 700	280	1 000
14	响水县	46 000	0	19 400	19 800	4 500	2 300
15	滨海县	67 230	9 800	19 130	29 400	4 800	4 100
16	建湖县	19 130	0	13 200	5 400	400	130

6.4 资金筹措

农村供水工程建设所需资金，主要由所在县负责筹集，积极争取国家安排农村供水保障工程补助资金，省级财政统筹安排专项资金实行以奖代补，各设区市也应加大帮扶力度。各地在加大投入的同时，需创新投融资机制，多渠道筹集资金，落实好相关金融支持政策，积极鼓励社会资本参与工程建设和运营。

6.5 实施安排

根据农村供水发展需要，本着工程轻重缓急、年度投资基本均衡的原则，分年度安排投资计划。其中，2021—2022 年投资计划基于 2020 年投资标准，比其他年份略高，2023—2025 年属进一步巩固阶段，投资略有下降，后期结合各县区具体方案编制情况，作进一步修改完善，详见表 6-6 和图 6-2。

表 6-6 农村供水分年投入计划表

序号	项目名称	分年投资(万元)					合计(万元)	占比(%)
		2021 年	2022 年	2023 年	2024 年	2025 年		
合 计		120 000	120 000	105 000	105 000	70 000	520 000	100
1	水源工程	10 000	10 000	10 000	10 000	6 750	46 750	9.0
2	水厂工程	40 000	40 000	25 000	25 000	23 230	153 230	29.5
3	管网建设	60 000	60 000	60 000	60 000	26 950	266 950	51.3
4	计量装置	6 000	6 000	6 000	6 000	5 590	29 590	5.7
5	水厂能力	4 000	4 000	4 000	4 000	7 480	23 480	4.5

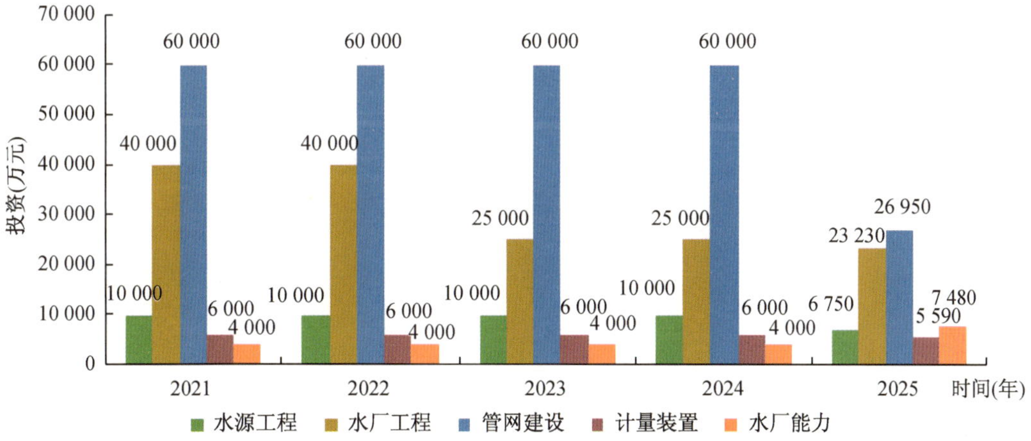

图 6-2 分年度投入计划图

7

综合评价

7.1 经济评价

7.1.1 经济评价依据及分析参数

1）经济评价依据

①《建设项目经济评价方法与参数》(第三版)

②《水利建设项目经济评价规范》(SL 72—2013)

③《给水排水设计手册第 10 册》(第二版)

2）经济评价参数

根据《建设项目经济评价方法与参数》(第三版)和《水利建设项目经济评价规范》(SL 72—2013)的规定，结合本工程的特点，确定如下各评价参数：

① 价格水平年：国民经济评价中工程效益和费用在计算期内采用同一价格水平，价格水平年为 2022 年和 2025 年。

② 计算期：工程建设期计划为 5 年，本工程建成即可投入正常运行，故不考虑运行初期；根据《水利建设项目经济评价规范》(SL 72—2013)的规定，运行期取为 20 年，计算期共为 25 年。

③ 基准年和基准点：资金实际价值计算的基准年为建设年，基准点定为建设年的年终，工程效益和费用均按年末发生和结算。

④ 社会折现率：采用 7%的社会折现率。

7.1.2 国民经济分析

国民经济评价是从国家整体角度出发，采用影子价格，分析计算项目的全部费用和效益，考查项目对国民经济所做的净贡献，评价项目的经济合理性。

1）工程费用分析

①工程投资

江苏省“十四五”农村供水保障规划投资估算为 52 亿元。由于国民经济评价属于国民经济内部的转移支付，不应作为建设项目的费用和效益，故对投资估算应剔除计划利润、税金、利息，替换材料和设备价格为影子价格，替换人工工资为影子工资，剔除价差预备费等。根据投资估算经验，影子工程投资系数一般为 0.90，故影子工程投资为53.6亿元。

② 流动资金

流动资金按固定资产的0.2%计,固定资产形成率按估算投资的0.90计,投资金额为0.11亿元。

③ 年运行费

本项目年运行费包括电费、药剂费、工资福利费、维修费和管理费等,与财务评价计算相同,见财务评价部分。项目年运行费为3.53亿元。

④ 间接费用

间接费用按年运行费用的2%计算,本项目间接费用为0.07亿元。

2)工程效益分析

本工程的效益主要有售水效益、减少医疗保健费、增加畜产品等庭院经济的效益和社会效益。

① 售水效益

采用影子水价法,影子水价根据农民可接受的水价分析确定,按平均2.1元/m^3计算,每人每天用水量按90 L计算,受益人口1 247万人。售水效益为8.6亿元。

② 改善水质,减少疾病所节省的医疗保健费

饮水水质问题是导致人们患肠道传染病等其他疾病的重要因素之一。饮水安全的保障,使项目区与水有关的疾病发病率大幅降低。

预测项目实施后,肠道传染病等其他疾病发病率可降低1.0%,患者的医疗保健费用按照人均0.8万元/年计算,可节省医疗保健费1 042万元/年。

③ 增加畜产品等庭院经济的费用

项目实施后,由于家禽饮用水水质得到提高,水量得到保证,家禽的成活率提高,降低了流行病的发生,使得经济作物的产量和质量均得到提高。本项目的实施,使得许多庭院经济的效益得到增长,将促使项目区农业结构调整的步伐加快,使农业逐步向产业化、特色化、高效化发展。据预测最终可达到增加效益约3 500万元/年。

④ 间接效益

间接效益按上述各项之和的5%计算,为4 500万元。

⑤ 其他社会和生态环境效益

项目实施后,可以进一步提升农民生活品质,改善农村居住环境,促进水美乡

村的建设，同时维护了社会和谐稳定。

⑥ 固定资产余值回收

固定资产余值回收按影子工程投资的4%考虑，则固定资产余值为2.14亿元。

3）国民经济评价指标

本项目国民经济效益费用流量见表7-1。

① 经济内部收益率

经济内部收益率表达式为：

$$\sum_{t=1}^{n}(B-C)_t(1+EIRR)^{-t}=0$$

式中：$EIRR$——经济内部收益率；

B——年效益，亿元；

C——年费用，亿元；

n——计算期，年，本工程取25年；

t——计算期各年的序号，基准点的序号为0；

$(B-C)_t$——第t年的净效益，亿元。

经计算，$EIRR=10.5\%$。

② 经济净现值

经济净现值表达式为：

$$ENPV=\sum_{t=1}^{n}(B-C)_t(1+i_s)^{-t}$$

式中：$ENPV$——经济净现值，亿元；

B——年效益，亿元；

C——年费用，亿元；

n——计算期，年，本工程取25年；

t——计算期各年的序号，基准点的序号为0；

$(B-C)_t$——第t年的净效益，亿元；

i_s——社会折现率，本工程取7%。

经计算，$ENPV=13.76$亿元。

表 7-1　国民经济效益费用流量表

单位:亿元

序号	项目	年份												
		建设期					运行期							
		1	2	3	4	5	6	7	8	……	22	23	24	25
1	效益流量 B	0.00	1.55	3.68	5.76	7.83	9.90	9.90	9.90	……	9.90	9.90	9.90	12.22
1.1	项目各项功能的效益	/	1.47	3.51	5.48	7.46	9.43	9.43	9.43	……	9.43	9.43	9.43	9.43
1.2	回收固定资产余值	/	/	/	/	/	/	/	/	……	/	/	/	2.21
1.3	回收流动资金	/	/	/	/	/	/	/	/	……	/	/	/	0.11
1.4	间接效益	/	0.07	0.18	0.27	0.37	0.47	0.47	0.47	……	0.47	0.47	0.47	0.47
2	费用流量 C	9.45	12.16	12.81	13.56	14.33	3.66	3.66	3.66	……	3.66	3.66	3.66	3.66
2.1	影子工程投资	9.45	11.43	11.43	11.43	11.43	/	/	/	……	/	/	/	/
2.2	流动资金	/	0.11	/	/	/	/	/	/	……	/	/	/	/
2.3	年运行费	/	0.61	1.35	2.09	2.84	3.59	3.59	3.59	……	3.59	3.59	3.59	3.59
2.4	间接费用	/	0.01	0.03	0.04	0.06	0.07	0.07	0.07	……	0.07	0.07	0.07	0.07
3	净效益流量($B-C$)	−9.45	−10.61	−9.13	−7.80	−6.50	6.24	6.24	6.24	……	6.24	6.24	6.24	8.56
4	累计净效益流量	−9.45	−20.06	−29.19	−36.99	−43.49	−37.25	−31.01	−24.77	……	62.63	68.87	75.11	83.67
5	折现系数	1.00	1.00	0.93	0.87	0.82	0.76	0.71	0.67	……	0.26	0.24	0.23	0.21
6	净效益流量现值	−9.45	−10.61	−8.53	−6.82	−5.30	4.76	4.45	4.16	……	1.61	1.51	1.41	1.81
7	累计净效益流量现值	−9.45	−20.06	−28.59	−35.41	−40.71	−35.95	−31.50	−27.34	……	9.04	10.55	11.96	13.77

③ 经济效益费用比

经济效益费用比表达式为：

$$EBCR=\frac{\sum_{t=1}^{n}B_t(1+i_s)^{-t}}{\sum_{t=1}^{n}C_t(1+i_s)^{-t}}$$

式中：$EBCR$——经济效益费用比；

B_t——第 t 年的效益现值，亿元；

C_t——第 t 年的费用现值，亿元；

n——计算期，年，本工程取 25 年；

t——计算期各年的序号，基准点的序号为 0；

i_s——社会折现率，本工程取 7%。

经计算，$EBCR$=1.16。

4）敏感性分析

经济分析中涉及的因素较多，有些参数或指标难以准确定量。为了分析有关参数和指标发生变化时对经济效益指标的影响，考虑经济指标的稳定性，进行敏感性分析。本次分析考虑两种不利情况，即材料和设备价格上涨等造成投资增加 10%，预测指标和增长率等出现误差使效益下降 10%对经济评价指标的影响。

投资增加 10%，费用现值不变，经济效益费用比 $EBCR$=1.09。

效益减少 10%，费用现值不变，经济效益费用比 $EBCR$=1.04。

5）国民经济评价结论

通过国民经济评价分析，本项目的经济内部效益为 10.5%，大于社会折现率 7%；经济净现值为 13.76 亿元，大于 0；经济效益费用比为 1.16，大于 1。故项目是经济合理的。同时，通过敏感性分析可知，在投资增加 10%或者效益减少 10%的不利情况下，项目仍然是经济合理的，说明本项目有一定的抗风险能力。

7.2 财务评价

财务评价是从项目财务角度出发，采用财务价格，分析计算项目的财务支出和收入，考查项目的盈利能力、清偿能力，评价项目的财务可行性。

1）财务支出

① 工程投资

本工程投资估算为 52 亿元。

② 流动资金

流动资金投资金额为 0.11 亿元。

③ 年运行管理费与年费用

年运行管理费包括：人员工资与福利、办公行政管理费、年维修费、年大修提存、水资源费、燃料动力费、药剂费等。

a. 人员工资与福利

运行管理人员编制按 340 人计算，年人均工资为 2.16 万元，各类保险 55%，福利费 14%，人员工资与福利费用每年约 0.12 亿元。

b. 办公行政管理费

办公行政管理费按总投资的 1%计算，为 0.6 亿元/年。

c. 年维修费

年维修费按总投资的 1%计算，为 0.6 亿元/年。

d. 年大修提存

年大修提存按总投资的 2%计算，为 1.2 亿元/年。

e. 水资源费

农村饮水安全工程不计水资源费。

f. 燃料动力费

燃料动力费以 200 度①/千吨计，电价为 0.84 元/度，经计算为 0.90 亿元/年。

g. 药剂费

消毒剂按每吨自来水 0.02 元计，经计算为 0.11 亿元/年。

年运行管理费由以上项目组成，经计算项目区平均年运行管理费为 3.53 亿元。

年费用=年运行管理费+折旧(固定资产原值的 4.8%计)

固定资产形成率按投资的 90%估算。

---

① 1 度=1 kW·h。

经计算，项目区平均年费用为6.1亿元。

2）水价计算及财务收入

基本水价主要包含动力费、药剂费等制水成本及管理运行成本。

① 年运行成本计算

本项目年运行管理费约为3.53亿元，则吨水运行成本平均约为0.9元。

② 全成本计算

本项目年费用平均约为6.0亿元，则吨水全成本平均约为1.5元。

③ 水价确定

售水理论价格应在制水成本的基础上增加销售税金及附加、利润等项费用，同时应考虑管网漏失水量和水厂自用水不收水费等因素。

根据各乡镇现行水价、供水成本、理论水价及周边地区区域供水水价，建议饮水安全巩固提升工程项目实施后项目区水价近期采用2.1元/m^3，远期根据物价上涨等因素进行微调，每5年调整一次，每次调高10%。

3）财务评价指标

本项目现金流量见表7-2。

① 财务内部收益率

财务内部收益率表达式为：

$$\sum_{t=1}^{n}(B-C)_t(1+FIRR)^{-t}=0$$

式中：$FIRR$——财务内部收益率；

B——年效益，亿元；

C——年费用，亿元；

n——计算期，年，本工程取25年；

t——计算期各年的序号，基准点的序号为0；

$(B-C)_t$——第t年的净效益，亿元。

经计算，$FIRR=7.4\%$。

② 财务净现值

财务净现值表达式为：

$$FNPV=\sum_{t=1}^{n}(B-C)_t(1+i_s)^{-t}$$

表 7-2　现金流量表

单位:亿元

序号	项目＼年份	年份												
		建设期					运行期							
		1	2	3	4	5	6	7	8	……	22	23	24	25
1	现金流入	/	1.46	3.34	5.22	7.10	8.98	8.98	8.98	……	11.95	11.95	11.95	14.41
1.1	产品销售收入	/	1.46	3.34	5.22	7.10	8.98	8.98	8.98	……	11.95	11.95	11.95	11.95
1.2	回收固定资产余值	/	/	/	/	/	/	/	/	……	/	/	/	2.46
1.3	回收流动资金	/	/	/	/	/	/	/	/	……	/	/	/	0.11
1.4	其他现金流入	/	/	/	/	/	/	/	/	……	/	/	/	/
2	现金流出	10.50	13.41	14.27	15.14	16.01	4.19	4.19	4.19	……	4.39	4.39	4.39	4.39
2.1	建设投资	10.50	12.70	12.70	12.70	12.70	/	/	/	……	/	/	/	/
2.2	流动资金	/	0.11	/	/	/	/	/	/	……	/	/	/	/
2.3	经营成本	/	0.61	1.35	2.09	2.84	3.59	3.59	3.59	……	3.59	3.59	3.59	3.59
2.4	销售税金及附加	/	0.10	0.22	0.35	0.47	0.60	0.60	0.60	……	0.80	0.80	0.80	0.80
3	净现金流量	−10.50	−11.95	−10.93	−9.92	−8.91	4.79	4.79	4.79	……	7.57	7.57	7.57	10.03
4	累计净现金流量	−10.50	−22.45	−33.38	−43.30	−52.21	−47.42	−42.63	−37.84	……	47.81	55.38	62.95	72.98
5	现值系数	1.00	1.00	0.93	0.87	0.82	0.76	0.71	0.67	……	0.26	0.24	0.23	0.21
6	净现金流量现值	−10.50	−11.95	−10.22	−8.67	−7.27	3.66	3.42	3.19	……	1.96	1.83	1.71	2.12
7	累计净现金流量现值	−10.50	−22.45	−32.67	−41.34	−48.61	−44.95	−41.53	−38.34	……	−3.93	−2.10	−0.39	1.73

式中：$FNPV$——财务净现值，亿元；

B——年效益，亿元；

C——年费用，亿元；

n——计算期，年，本工程取25年；

t——计算期各年的序号，基准点的序号为0；

$(B-C)_t$——第t年的净效益，亿元；

i_s——社会折现率，本工程取7%。

经计算，$FNPV$=1.73亿元。

③ 投资回收期

投资回收期表达式为：

$$\sum_{t=1}^{Pt}(CI-CO)_t=0$$

式中：Pt——投资回收期，年；

CI——现金流入量，亿元；

CO——现金流出量，亿元；

t——计算期各年的序号，基准点的序号为0；

$(CI-CO)_t$——第t年的净现金流量，亿元。

经计算，Pt=19年。

财务效益评价结论：本工程财务内部收益率为7.4%，大于社会折现率7%；财务净现值为1.73亿元，大于0；投资回收期为19年，小于20年，财务上可行。

通过以上财务分析可知，本工程在财务上可行。

7.3 环境评价

“十四五”期间，农村饮水安全巩固提升工程规划建设内容主要为管网建设和工程改造，工程产生废水、废气、废渣、噪声主要发生在施工期，因此主要分析施工期噪声、扬尘、固体废物以及对交通的影响。

7.3.1 对周围大气环境的影响

根据建设项目的性质和周围环境特点，本规划在建设期对周围大气环境产生影响的主要因素包括:建设施工工地扬尘污染、运输车辆行驶产生的道路扬尘和施工机械燃烧柴油排放的尾气污染,以及运输车辆的汽车尾气污染。

在建设期不同施工阶段,产生扬尘的环节较多,特别是在平整土地、建设构筑物的施工阶段,扬尘的排放源较多,且大多数排放源扬尘排放持续时间长,如建材堆场扬尘和施工场地车辆行驶产生的道路扬尘等在各个施工阶段均存在。

项目建设期施工机械排放的废气主要集中在挖土阶段,建筑构筑阶段则主要是进出施工场地的大型运输卡车排放的尾气污染。

水的净化有可能采取液氯及臭氧的净化处理方法。氯气、臭氧属于有毒有害物质,该物质在运输、使用、贮存过程中存在一定的事故风险隐患,设备的管道、弯曲连接、过滤器、阀门、压力容器、泵、贮存罐、运输容器等均有可能发生氯气及臭氧的释放与泄漏,导致氯气及臭氧的污染问题。

因此,必须强化科学施工、文明施工,并采取一定的防治措施,将项目建设期的污染程度降到最低。

7.3.2 噪声污染

工程施工期的噪声主要来自施工机械、运输车辆的轰鸣声。特别是在夜间,施工的噪声将产生严重的扰民问题,影响邻近居民的工作和休息。

解决方案是按照有关部门规定确定合适的车辆运输行驶路线及时间。

7.3.3 对水体的污染

施工建设期的挖土、材料冲洗和混凝土养护,以及使用大量的挖掘机械、运行机械和其他辅助机械,在作业和维修中有可能发生油料外溢、渗漏,通过雨水冲刷等途径,流入下水道,造成受纳水体 SS、COD、油类的含量增高,DO 的含量下降,影响水环境。

若项目区地下水位较高,土建时要用泵外排淤水,而淤水中含有大量的泥浆,如这部分泥浆随地面径流流入下水道或河道,会造成受纳水体悬浮物颗粒含量的增高。同时,泥浆水中的有机杂质、施工机械的废油及管理人员和施工人员的生活污水和废弃物等也会造成受纳水体中 SS、COD、油类、NH_3-N 浓度的增高,DO 含量的下降。

7.3.4 固体废物对环境的影响

施工期混凝土残渣、废木料、钢材、玻璃等建筑垃圾,施工人员的日常生活垃圾等,会影响施工人员的作业安全,也会污染周围的环境。尤其是在夏天,如果施工区的日常生活垃圾乱扔乱堆,轻则招致蚊蝇,重则导致施工区工人爆发流行病,严重影响施工进度,同时使附近居民受到蚊蝇、臭气、疾病的影响。

7.3.5 对生态环境的影响

供水工程的生态影响主要包括土地占用影响农业生产和管道开挖等造成的生态破坏。地表植被破坏将导致植物释放氧气量减少、涵蓄水分功能下降和土壤侵蚀量增加,也可能涉及保护类植物及古树名木的破坏等。

铺设输水管线过程中,占地会不同程度地损伤地表植被和原地貌,影响道路交通、农业生产及周边生态环境。地表植被的破坏导致氧气释放量减少,永久性占地还会由于土地利用结构的改变导致原有植被的清除,也导致氧气释放量的减少,虽然建设单位对破坏的植被进行了补偿,然而恢复到原来的水平则需要一定的时间。在工程的建设过程中,由于植被被砍伐清理,其涵养水分的能力大大下降。农业生产损失包括工程施工期无法生产造成的损失和因地表扰动引起土壤肥力下降导致农作物产量减少两部分。考虑到管道沿线的开挖和铺设,管线上面的土地不能种植果树,即使种植农作物也会受到影响。施工开挖、土料堆放等可能引发水土流失;施工污水渗入土壤时,可能造成土壤污染等。

7.4 环保措施

7.4.1 粉尘废气环保措施

(1) 建设施工单位应对土方、水泥、砂石及施工现场等,保持一定湿度,设立隔离围墙,设置防尘网,强化文明作业,采取加强施工现场管理等措施,以便有效控制二次扬尘。

(2) 水泥储存在散装水泥缸内,在下部出口设置防尘袋,以免水泥大量散溢。

(3) 在施工期使用大量的内燃机械和车辆,这些机械和车辆在运行时将产生扬尘，建议保持施工道路路面的清洁和润湿，以减少汽车轮胎与路面接触而引起的地面扬尘污染。同时应选用质量好的施工机械，定期维护施工机械，禁止施工机械的超负荷工作。

（4）工程承包者应按照弃土处理计划，及时运走弃土，并在装运的过程中不超载，装土车沿途须加盖罩，避免洒落和飞扬，同时施工者应对工地门前的道路环境实行保洁制度，一旦有弃土、建材撒落应及时清扫。

（5）规划实施时须对弃土制订处置计划。工程建设单位应与运输人一同做好驾驶员的职业道德教育，按规定路线运输，按规定地点处置弃土和建筑垃圾。施工中遇到有毒有害的废弃物，应暂时停止施工并及时与地方环保、卫生部门联系，经他们采取措施处理后才能继续施工。

7.4.2 水污染环保措施

在建筑施工过程中，应强化对产生的泥浆水等的管理。

排除地下水和捣浇混凝土产生的泥浆水及设备车辆的冲洗水等，在设计时，建议施工现场挖一简易沉淀池，建筑泥浆水应经沉淀分离后方可排入附近下水道，防止堵塞下水道。

施工人员的生活污水，禁止乱排，在有市政污水管道的地方，应经管道汇集后排入污水管道，在目前尚无污水管道的地方，应在排放点周围就近设置化粪池，排放前用漂白粉对污水进行有效消毒。

施工期间应定期清理沉淀池的固体颗粒物，清理出的固体物应和生活垃圾分开堆放。

7.4.3 施工机械噪声环保措施

建筑施工的各阶段应严格执行《建筑施工场界环境噪声排放标准》(GB 12523—2011)的各项要求，对推土机、灌装机、搅拌机等噪音源，在城区有居民居住的敏感区域严格控制规定作业时间，以免干扰居民休息；夜间运输做好疏导工作，避免过多启动和鸣号。

采取了上述措施后，施工噪声对项目基地周围环境的影响将明显减轻。夜间原则上禁止施工，如工艺上必须连续作业的夜间施工，要办理夜间施工申请，经过审批后按规定要求进行夜间施工，同时要做好附近受影响居民的安抚工作。

7.4.4 固体废物控制对策

应落实建筑垃圾的具体处理措施，强化施工管理工作，做好简易生活设施的配备工作，生活垃圾、建筑垃圾应分开堆放；做好建筑垃圾的定期清运工作；做好工人生活垃圾的定点堆放工作，严禁焚烧生活垃圾。

7.4.5 交通影响的缓解措施

规划实施时须对设备材料运输时间加以控制，尽量避免高峰时间即可。挖出的泥土除作为回填土的，要及时运走，堆土应尽可能少占道路，以保证开挖道路的交通运行。

7.4.6 生态保护措施

（1）施工时严格保护施工区周围的植被，禁止捕猎野生动物，防止发生火灾而毁坏大片植被。

（2）除工程占地范围内施工场地清理需要，不能随意砍伐、填埋、毁坏施工场界内、外的树木和草地，严禁滥砍滥伐。

（3）临时用地使用后应及时清理场地，并进行植树植草绿化。草种、树种应选用当地种，尽量不用外来种，避免外来物种的入侵。

（4）避免开挖面长时间裸露。

（5）工程开挖后的土方尽量作为耕地平整用土，剩余土石方弃渣须推平压实，减少水土流失。

（6）工程中具体项目建设时应远离自然保护区、风景名胜区等环境敏感区域。

7.4.7 倡导文明施工

要求施工单位尽可能地减少在施工过程中对周围环境的影响，提倡文明施工，及时协调解决施工中的环境影响问题。

7.5 评价结论

通过国民经济评价分析，本项目的经济内部收益率为 10.5%，大于社会折现率 7%；经济净现值为 13.76 亿元，大于 0；经济效益费用比为 1.16，大于 1，故项目是经济合理的。同时，通过敏感性分析可知，投资增加 10%或者效益减少 10%的不利情况下，项目仍然是经济合理的，故说明本项目有一定的抗风险能力。

供水收费建议单价为 2.1 元/m^3，每 5 年调整一次，每次调高 10%，据此计算销售收入。本项目的财务内部收益率为 7.4%，大于社会折现率 7%；财务净现值为1.73亿元，大于 0；投资回收期为 19 年，小于 20 年，本项目在财务上可行。

江苏省“十四五”农村饮水安全巩固提升工程规划项目的实施对促进安定团结、稳定民心、改善人民生活条件、增进地方经济发展和改善投资环境等方面有着非常重要的意义，所以建议尽快实施。

为保障工程长效运行，应合理制定水价，农村供水水价的制定既要保证工程正常的运行管理经费和维护费用，又要考虑农民的承受能力；在保障水质、水量、水压的前提下采取合理的措施降低运行成本；政府应进一步加大财政补贴力度，减免相关税收，加大对农村饮水安全工程扶持政策的研究与落实，特别是及早出台农村区域供水管网延伸工程的相关优惠政策，确保工程良性运行。

8

保障措施

8.1 组织保障

建立健全政府领导牵头负责，水利、发改、财政、住建、卫生健康、生态环境等部门协同配合、各负其责的工作机制，定期交流情况，加强会商研究，统筹协调推进。县级人民政府应把农村供水作为重大民生工程来抓，主要负责人要亲自过问，分管负责人要全力抓，把农村供水发展各项任务分解到部门、岗位、环节和步骤，层层传导压力，推动各项工作落实落细。

8.2 资金保障

强化农村供水的基础性和公益性，以及在实施乡村振兴战略中的重要地位，突出政府主导地位，切实把农村供水作为公共财政投入优先保障领域，进一步增加财政投入，用足用好金融支持政策，多方筹集资金。强化财政投入的撬动作用，调动社会力量和民营资本加大农村供水建设与管理的投入，可采取“以奖代补、先建后补”等方式对其按照规划和标准开展工程建设与管护并给予财政补助。通过招商引资、股权投资、政府和社会资本合作等形式，引导和鼓励社会资本建设运营农村供水工程，建立完善多元的投入机制。

8.3 建设保障

严格执行基本建设程序，全面推行项目法人制、招标投标制、工程监理制、合同管理制。建立工程质量负责制，严格按照国家和地方标准建设工程，确保工程质量安全。抓好政策法规、技术标准、关键技术、现代科技等培训工作，切实提升农村供水技术支撑能力。强化信息化建设与应用，全面推行规划、设计、建设、投资、管理、运行、监测等信息化管理，建立工程数字化档案，实时更新，动态监管，不断提高农村供水管理信息化和现代化水平。

8.4 运行管护

项目验收合格后及时办理交接手续，明确管理主体，制定管理措施，建立健全农村供水工程专管机构，加强农村供水监管，鼓励以县为单位，成立专门机构或企业进行经营管理，或者通过竞争择优选择有资质的专业管理单位进行经营管理，确保工程建得成、管得好、长受益。政府应强化对县级农村供水工程实施情况的指导和行业监管，定期开展现场督查、绩效评估等工作，并将其与奖补资金安排、考核评价挂钩。县级人民政府要强化对农村供水工程完成情况的工作调度和监督检查，层层签订目标责任书，严格实施考核。

附件

典型设计

根据《村镇供水工程设计规范》(SL 687—2014)等规范要求进行典型工程设计。主要内容包括工程概况、工程规模、水源选择、工程技术方案、工程设计、主要工程量与投资、设计图等。具体设计内容可根据各典型工程进行适当调整。

各县典型工程主要类型有新建水厂典型工程、管网延伸典型工程、水质化验室建设典型工程和县级农村饮水安全信息系统建设典型工程。

1　新建水厂工程典型设计

选取连云港灌云县新建水厂工程进行典型设计。

本次规划拟在东部城区新建四队水厂与区域供水并网，水源地为古泊善后河，新建四队水厂后既能解决现状水厂供水量不足的问题，也能解决东部城区水压不足的问题，还能实现双水源供水，进一步提高供水保障率。遇突发事件时，新建水厂可与现状水厂互为备用，增强了应对突发事件的抗风险能力。水厂规模约为 8 万m^3/d，投资约 19 600 万元。

根据《村镇供水工程技术规范》(SL 310—2019)和《城市居民生活用水量标准》(GB/T 50331—2002)确定有关用水参数，主要参数如下：

1) 设计年限

工程设计年限为 15 年。

2) 设计人口

项目区内各村设计用水居民人数 $P = P_0(1+\gamma)^n + P_1$。

设计人口数 P=村现有人口数×(1+村人口自然增长率)^{设计年限}+村人口机械增长总数

式中：P_0——各村供水范围内的现状常住人口数，其中包括无当地户籍的常住人口；

P_1——各村在设计年限内人口的机械增长规划以及近年来流动人口和户籍迁移人口的变化情况，按平均增长法确定为 1 人；

γ——设计年限内各村人口的自然增长率，根据当地近年来的人口自然增长率确定，根据近 3 年灌云县统计年鉴分析，项目区人口增长率取近 3 年平均值，为 4.32‰；

n——工程设计年限，15 年。

3）居民生活用水量

$$W=Pq/1000$$

W＝村设计人口数×最高日居民生活用水定额/1000＝村居民生活用水量（m^3/d）

式中：P——设计用水各村居民人数；

q——最高日居民生活用水定额。根据《城市居民生活用水量标准》（GB/T 50331—2002），江苏省属于第三区，用水量标准为120～180 L/（人·d），本次规划县城区取180 L/（人·d），其他地区取120 L/（人·d）。

4）公共建筑用水量

由于工程缺乏建筑用水材料，公共建筑用水量可按居民生活用水量的10%～25%考虑，本次规划公共建筑用水量取居民生活用水量的10%。

5）饲养畜禽用水量

散养家禽用水量已含在居民生活用水量中。

6）管网漏失水量及未预见水量

管网漏失水量及未预见水量之和按总用水量之和的10%～25%取值，应综合考虑管网长度和用水区的发展潜力确定，村级供水工程取低值，乡镇级供水工程和规模化供水工程取较高值。本工程管网漏失水量及未预见水量按总用水量之和的10%计。

全县规划总需水量为17.29万m^3/d。根据《村镇供水工程技术规范》（SL 310—2019），供水规模$W\geqslant 5\ 000m^3$/d时，时变化系数K_h为1.6～2.0，用水人多、用水条件好或用水定额高的取较低值，取$K_h=1.6$，故全县水厂总规模不小于17.29万m^3/d×1.6＝27.67万m^3/d。

目前，灌云县现状水厂总规模为20万m^3/d，因此初定四队水厂规模为8万m^3/d。

新建四队水厂水源地为古泊善后河，由取水泵房供至厂内的源水，首先进入絮凝池，经过加药、混凝、沉淀后进入V型滤池过滤，出水在经过臭氧-活性炭深度处理后进入生活用水清水池，加氯消毒后由二级泵房提升进入生活用水管网。絮凝池、平流沉淀池及V型滤池排放的废水经过污泥浓缩、脱水后外运。V型滤池自用水量按2%计算，活性炭吸附自用水量按1%计算，平流沉淀池自用水量按2%计算，其他自用水量按1%计算。

四队水厂工艺流程示意图如附图1-1所示。

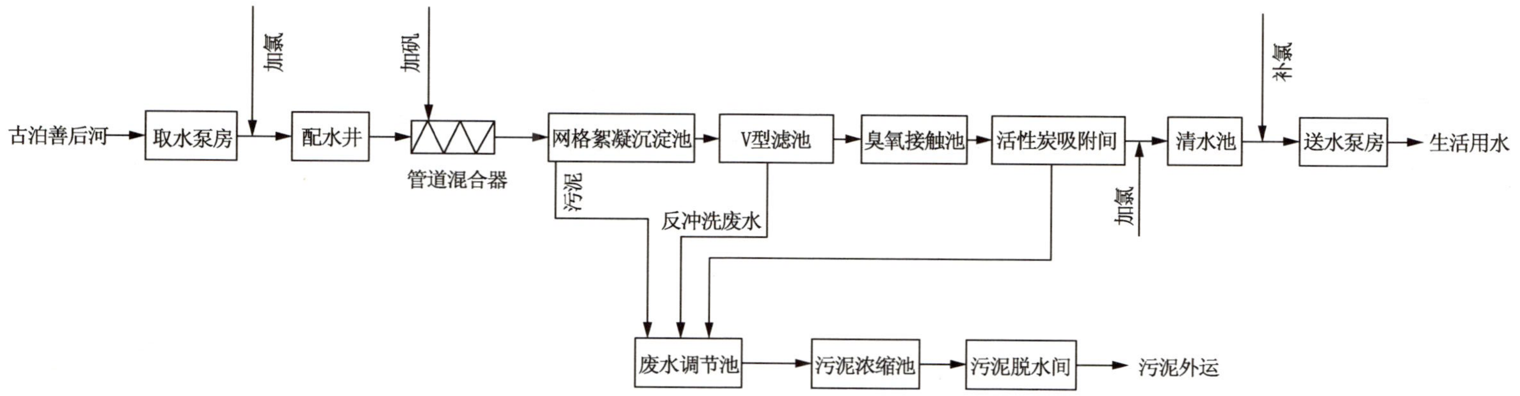

附图 1—1　四队水厂工艺流程示意图

四队水厂主要工程量及投资估算见附表 1-1。

附表 1-1　四队水厂主要工程量及投资估算表

序　号	项　目	尺　寸	单位	数 量
1	取水泵房	26.8 m×16.2 m×9.2 m	座	1
2	网格絮凝池	11.86 m×7.8 m×4.45 m	座	2
3	平流沉淀池	81 m×7.8 m×3.8 m	座	2
4	V 型滤池	16 m×22.2 m×4.5 m	座	2
5	生活用水清水池	27.3 m×19.5 m×4.5 m	座	2
6	加矾间	29.0 m×9.0 m×6.0 m	座	1
7	加氯间	26.0 m×9.0 m×6.0 m	座	1
8	臭氧接触池	9.0 m×4.6 m×5.0 m	座	1
9	臭氧处理间	12.0 m×9.0 m×6.0 m	座	1
10	活性炭吸附间	48.0 m×16.0 m×8.5 m	座	1
11	废水调节池	15.0 m×36.6 m×4.0 m	座	2
12	污泥浓缩池	18.0 m×4.0 m	座	2
13	污泥脱水间	12.0 m×24.3 m×6.0 m	座	1
14	生活吸水井	9.4 m×3.8 m×6.2 m	座	1
15	生产吸水井	8.9 m×5.9 m×6.2 m	座	1
16	二级泵房	32.0 m×11.6 m	座	1
17	配电间	8.4 m×23.0 m	座	1
18	机修间	20.0 m×10.0 m	座	1
19	综合楼	50.0 m×10.0 m	座	1
20	车棚	20.0 m×4.0 m	座	1
21	门卫	6.0 m×6.0 m	座	1
22	总占地面积	330 m×135 m	m^2	44 550
总投资估算			万元	19 600

2　清水管网联通工程典型设计

选取盐城市响水县清水管网联通工程进行典型设计。

1）工程概况

为进一步保障供水安全，规划增加部分供水主干管连成环状网，将县域内的几座水厂的供水主管道进行衔接，确保其中一座水厂出现事故时，其他水厂能够保障城区的应急供水，以提高乡镇供水安全性。

2）工程规模

主要增加部分供水主干管道，合计新建 DN 300～800 mm 供水管道125.46 km。

3）工程技术方案

本工程在已铺设管道基础上，从接口开始，沿主要道路铺设管网，并对供水系统进行管网水力计算，使铺设管道管径合理，以达到提高供水保证率的目的。

4）工程设计

① 管网及其附件的设置

a. 管线走向尽量沿现有交通道路或规划道路铺设，缩短线路长度；少拆迁，少占农田。充分利用地形条件，尽量满足道路埋地要求，避免急转弯、较大的起伏、穿越不良地段，减少穿越铁路、公路、河流等障碍物；施工运行和维护方便，土石方少，投资少。

b. 输水管的设计流量，应按最高日最高时供水量确定，并计入输水管的漏损水量。

c. 在输水管设置检修闸阀，其间距须根据事故抢修允许的排水时间确定，一般情况下，输水管长度在 10～20 km 时，阀门间距可按 3.0～4.0 km 选用。

d. 在管道的凸起点和平直管段的必要位置上，应设置自动排气阀，以便于及时排除管内空气，使其不发生气阻，以及在放空管道或发生水锤时可以引入空气，防止管道产生负压。

e. 在管道低点或平直管段上每隔一定距离应设置泄水阀，泄水阀的直径应按放空管段中水流所需时间确定，管段上两个闸阀间的低处及枝状管网的末端均应设置泄水阀。

f. 地形高差较大及输水距离较长时，应根据供水水压要求在适宜的位置设加压泵站或减压措施。

g. 室外管道上的排气阀、闸阀、泄水阀、法兰等均应设置在井内，并有防冻、防水措施。

h. 当输水管道穿越道路和其他构筑物时，管道与其水平净距、垂直净距，应根据建筑物基础的结构、路面种类、卫生安全、管道埋深、管径、管材、施工条件、管内工作压力、管道上附属构筑物的大小及有关规定等条件确定。

② 输配水管道埋设

输配水管道的埋设应符合以下要求：

a. 管顶覆土应根据冰冻情况、外部荷载、管材强度、与其他管道交叉等因素确定。结合当地情况，本工程输水管道管顶覆土一般情况下不小于 1.0 m，穿越道路、农田或沿道路铺设时，管顶覆土不宜小于 1.5 m。

b. 管道一般应埋设在未经扰动的原状土层上，管道周围 200 mm 范围内应用细土回填，回填土的压实系数不应小于 90%。

③ 土方开挖

a. 应根据施工放样中心线和标明的槽底设计标高进行开挖，不得挖至槽底设计标高以下。如局部超挖，则应用相同的土填补夯实到接近天然密实度。沟槽的底宽应根据管道的直径、材料材质及施工条件确定。

b. 沟槽经过砖石、卵石等容易损坏管道的地方时，应将槽底至少再挖 15 cm，并用砂或细土回填至槽底设计标高。

c. 在含水地层或软土、不稳定地层内开槽时，必须进行施工排水。

d. DN≤500 mm 管道一侧工作面宽度为 0.4 m，DN>500 mm 管道一侧工作面宽度为 0.5 m，管道沟槽开挖边坡为 3∶1。

④ 管材选择

本工程输水管道具有距离长、压力高、土壤及地下水腐蚀性不强、地质条件较好、输水安全性要求较高的特点，结合实际资金情况、工程条件及管材供应条件等，本工程设计配水管道为 DN≥300 mm，采用球墨铸铁管。

⑤ 管道设计

a. 线路一：沿 G204 东侧 DN600 输水管道 1 km（供电所北—X304 至运河镇）。

b. 线路二：G204—伏兴路沿 X304 南侧 DN500 输水管道 17.1 km（运河镇—黄圩镇）。

c. 线路三：G204 东侧—海七路沿乡村道路 DN500 输水管道 17 km（运河水厂—七套增压站）。

d. 线路四：团结—高场中心路沿陈坎河 DN500 输水管道 6.6 km（七套增压

站—高场)。

e. 线路五:X304—S326 沿海七路 DN500 输水管道 14.2 km(七套社区—头甲五组)。

f. 线路六:海七路—黄海农场增压站沿 X304 DN500 输水管道 11.6 km(七套社区—黄海农场增压站)。

g. 线路七:沿中山河堤路 DN300 输水管道 13.7 km(黄海农场增压站—头罾)。

h. 线路八:迎宾大道—X302 沿 G204 DN500 输水管道 7.2 km(县城水厂—小尖镇)。

i. 线路九:小佃路—X302 G204 西侧 DN800 输水管道 1 km(县城水厂—运河水厂)。

j. 线路十:G204—南潮河—S326—民生河沿 X302 DN800 输水管道 30.86 km(县城水厂—沿海水厂)。

5) 主要建设内容与投资估算(附表 2-1)

附表 2-1　供水管道主要工程量及投资估算表

序号	项　目	工程或费用名称		合 计(万元)
		数　量(m)	综合单价(元)	
1	DN800 给水管	31 860	2 600	8 284
2	DN600 给水管	1 000	1 650	165
3	DN500 给水管	78 900	1 300	10 257
4	DN300 给水管	13 700	800	1 096
合　计		125 460		19 802

3　村内管网改造工程典型设计

选取灌云县兴联村管网改造工程进行典型设计。

本次规划村级管网改造共涉及同兴镇、伊山镇、侍庄街道、杨集镇和四队镇 5 个镇(街道)共计 53 个行政村的村级管网,依据杨集镇兴联村管网改造工程量估算本次规划村级管网改造总长度约为 804 km,入户管网总长度约为 962 km,规划村级管网改造总投资约为 10 520 万元。

选取杨集镇兴联村为典型设计。

1）设计标准

居民生活用水量：120L/(人·d)。

公共建筑用水量：按生活用水量的10%计。

管网漏失水量及未预见水量：按生活用水量的10%计。

2）方便程度

集中供水到户，实行一户一表，全日供水。

3）管网设计方案

管材选用PE聚乙烯管，符合相关饮用水国家标准。PE管管顶覆土不小于0.7 m，穿越道路、农田时，管顶覆土不小于1.0 m，管道应埋设在未经扰动的原状土层上，管道周围20 cm范围内用筛分素土回填，回填土的压实系数不小于0.91。输水方式采用树枝状输水管网。

4）需水量计算

兴联村需水量计算详见附表3-1。

附表3-1　兴联村需水量计算表

村名	人口（人）	人口自然增长率（‰）	设计年限（年）	q (L/d)	人用水量 (m^3/d)	建筑用水量(m^3/d)	管网漏失及未预见用水量(m^3/d)	总用水量 (m^3/d)
兴联村	2 420	4.32	15	120	310	31	34	375

根据附表3-1计算结果可知，兴联村需水量为375 m^3/d。

5）管网水力计算

① 配水管网各管段的设计流量，应根据以下要求确定：管网中所有管段的沿线出流量之和应等于最高日最高时用水量。

各管段的沿线出流量，可根据人均用水当量和各管段用水人口、用水大户的配水流量计算确定。人均用水当量可按下式计算：

$$q = 1\,000(W - W_1) \cdot K_h/(24P)$$

式中：q——人均用水当量，L/(h·人)；

W——村或镇的最高日用水量，m^3/d；

W_1——企业、机关及学校等用水大户的用水量之和，m^3/d；

K_h——时变化系数，取2.0；

P——村镇设计用水人口，人。

节点流量=(人均用水当量×对应的用水人数)+该节点大用户用水量。

配水管道的设计流速,宜采用经济流速。

② 管道水头损失计算,应包括沿程水头损失和局部水头损失。

沿程水头损失,可按下式计算:

$$h_1 = iL$$

式中:h_1——沿程水头损失,m;

L——计算管段的长度,m;

i——单位管长水头损失,m/m。

单位管长水头损失

$$i = 10.67\,C^{-1.852}\,Q^{1.852}\,d^{-4.87}$$

式中:C——海曾威廉系数,塑料管为 140～150,取 145;

Q——管段流量,m^3/s;

d——管道内径,m。

配水管网的局部水头损失,可按其沿程水头损失的 5%～10%计算,取 10%。

③ 供水水压应满足配水管网中用户接管点的最小服务水头;设计时,很高或很远的个别用户所需的水压不宜作为控制条件,可采取局部加压或设集中供水点等措施满足其用水需要。

④ 配水管网中用户接管点的最小服务水头,单层建筑物可为 10m,两层建筑物可为 12 m,二层以上每增高一层可增加 4.0 m;当用户高于接管点时,尚应加上用户与接管点的地形高差。本工程最小服务水头取为 12 m。

⑤ 兴联村村级接入点所需自由水头为 13.87 m。

⑥ 兴联村管网改造主要工程量见附表 3-2。

⑦ 兴联村管网改造工程投资估算为 198.47 万元。

附表 3-2　兴联村管网改造主要工程量统计表

序号	工程或费用名称	单位	数量
一	陆上土方		
1	管道沟土方开挖(机械)	m^3	3 318.3
2	管道沟土方开挖(人工)	m^3	829.6
3	管道沟土方回填(机械)	m^3	3 800.5

续表

序号	工程或费用名称	单位	数量
4	管道沟土方回填(人工)	m^3	950.1
5	管道沟土方压实	m^3	4 026.0
二	管道安装		
1	安装 DN90 mm 塑料 PE 管(对接熔接)(PE100 级 0.8 MPa)	m	1 048
2	安装 DN75 mm 塑料 PE 管(对接熔接)(PE100 级 1.0 MPa)	m	624
3	安装 DN63 mm 塑料 PE 管(对接熔接)(PE100 级 1.25 MPa)	m	1 956
4	安装 DN50 mm 塑料 PE 管(对接熔接)(PE100 级 1.60 MPa)	m	2 814
5	安装 DN40 mm 塑料 PE 管(对接熔接)(PE100 级 1.60 MPa)	m	5 403
6	安装 DN32 mm 塑料 PE 管(对接熔接)(PE100 级 1.60 MPa)	m	3 308
7	PE 管管件	项	1
8	管道消毒冲洗公称直径 100 mm 以内	m	15 152.5
9	管道试压公称直径 100 mm 以内	m	15 152.5
三	混凝土工程		
1	人工拆除混凝土类路面层无筋厚 18 cm 内	m^2	2 272.9
2	人工拆除基层或面层碎(砾)石厚 20 cm 内	m^2	2 272.9
3	路面拆除废料外运(运距≤500 m)	m^3	636.4
4	混凝土路面压实厚度 18 cm	m^2	2 272.9
5	C25 素混凝土支墩、镇墩	m^3	18.9
四	钢套管、拉管		
1	拉管 DN90 mm 塑料 PE 管(PE100 级 1.0 MPa)	m	52
2	拉管 DN75 mm 塑料 PE 管(PE100 级 1.0 MPa)	m	31
3	φ168×5 钢套管	m	83.6
4	φ108×4 钢套管	m	97.8
5	φ83×3.5 钢套管	m	140.7
五	管网附属设施及其他		
1	DN80 闸阀(Z45T—10)	个	2
2	DN65 闸阀(Z45T—10)	个	1
3	DN50 闸阀(Z45T—10)	个	5
4	DN40 闸阀(Z45T—10)	个	6

续表

序号	工程或费用名称	单位	数量
5	DN32 闸阀(Z45T—10)	个	2
6	DN25 排气阀(含配套蝶阀)	个	2
7	DN65 排泥阀(Z45T－10)	个	3
8	DN80 水表	个	2
9	DN65 水表	个	1
10	DN50 水表	个	5
11	DN40 水表	个	6
12	600 方形闸阀井	座	5
13	Φ1 000 闸阀井、水表井,深 1 100 cm	座	28
14	标志桩	个	10
六	入户工程		
1	塑料管安装(黏接) 管外径 20 mm 以内	m	18 150
2	远程智能水表	组	605
3	水表前加密阀 DN15	个	605
4	水表后阀门 DN15	个	605
5	成品复合材料单户表池(50 cm×30 cm×20 cm)	座	605
6	弯头、内接等	组	605

4 信息化采集点典型设计

区域供水主管线上按照每 5～10 km^2 布置一处监测点,三通、转弯及特殊工艺施工段增设监测点,镇村主管道与区域供水管道连接处及供水管网末梢、供水制高点、用水集中点布置信息化工程监测点。

以响水县一个监测点作为典型工程设计,估算项目信息化建设总投资。监测点主要设置在各乡镇区域供水接口处、各村总表处以及各乡镇供水末梢。流量监测设备主要设在区域供水主管道的末端,余氯监测设备设在配水管网末端,压力监测设备与流量、余氯监测设备配套设置,即每个流量或余氯监测点同时设置一个压力监测点。

据估算，一处管网流量、压力在线监测点投资为 15 万元。一处信息监测点工程数量见附表 4-1。

附表 4-1　一处信息监测点工程数量表

序　号	项　目	单位	数量	备　注
1	GPRS 传输模块	台	1	
2	太阳能电池板	台	1	
3	铅酸蓄电池	台	1	25 V
4	太阳能充电控制器	台	1	38 AH
5	避雷器	台	1	电源避雷器
6	超声波流量计/电磁流量计	台	1	含 2 个检修阀门
7	管道压力计	台	1	
8	遥测终端机(RTU)	台	1	
9	防水机箱	套	1	壁挂式，尺寸 500 mm×500 mm×200 mm，材质可选不锈钢、镀锌钢板等
10	立杆支架	套	1	立杆，125 镀锌钢管 3.5 m
11	设备辅材	批	1	

后记

本书共有 9 个章节，具体编写分工为：全书的体例结构及统稿工作由叶健负责；前言、综合说明、第 1 章由沈建强负责编写；第 2 章由王滇红、蒋伟、高见负责编写；第 3 章由蒋伟、王滇红、高见、王洁负责编写；第 4 章由王滇红、蒋伟、高见、翟林鹏负责编写；第 5 章由王滇红、仇荣、王洁、翟林鹏负责编写；第 6 章由王滇红、高见、陈于、彭亚敏负责编写；第 7 章由蒋伟、高见、孙浩、周纲负责编写；第 8 章由王滇红、仇荣、王洁、彭亚敏负责编写；典型设计由高见、陈于、彭亚敏、刘晓璇负责编写。相关市县水利部门及设计单位参与了编写工作。